海洋防污材料及其研究进展

赵文文 著

中国石化出版社

内容提要

本书阐述了海洋生物污损的过程、机理、危害及影响因素,在此基础上,重点介绍了海洋防污技术的分类、防污剂种类及其在海洋生物污损防护技术中的应用,并介绍了新型海洋防污技术以及海洋微生物腐蚀的防护技术。

本书可供从事海洋生物污损防护、腐蚀防护的技术人员、科研人员使用,也可作为高等院校相关专业师生的参考用书。

图书在版编目(CIP)数据

海洋防污材料及其研究进展 / 赵文文著 . —北京:
中国石化出版社,2022.6
ISBN 978-7-5114-6721-8

Ⅰ.①海… Ⅱ.①赵… Ⅲ.①海洋污染–污染防治–
材料 Ⅳ.①X55

中国版本图书馆 CIP 数据核字(2022)第 093376 号

中国石化出版社出版发行
地址:北京市东城区安定门外大街 58 号
邮编:100011 电话:(010)57512500
发行部电话:(010)57512575
http://www.sinopec-press.com
E-mail:press@sinopec.com
北京柏力行彩印有限公司印刷
全国各地新华书店经销
*
710×1000 毫米 16 开本 10.25 印张 201 千字
2022 年 6 月第 1 版 2022 年 6 月第 1 次印刷
定价:59.00 元

前言

preface

国家"十四五"海洋经济发展规划中提出,积极拓展海洋经济发展空间,打造可持续海洋生态环境。海洋资源丰富、环境复杂,生物种类繁多,在开发利用海洋资源时伴随而来的生物污损与腐蚀问题不容小觑。海洋生物污损已成为制约海洋经济发展和维护海防安全的技术瓶颈之一,是世界海洋领域都亟待解决的问题。因此,高效、环保型海洋防污涂料是海洋腐蚀与防护领域的研发重点。

鉴于此,作者在从事多年海洋防污研究的基础上,结合国内外海洋生物污损防护与防腐蚀技术的最新研究进展,编写了《海洋防污材料及其研究进展》。本书一共分为5章,第1章介绍了海洋生物污损的过程、危害及影响因素,为生物污损防护技术的研发提供了基础;第2章介绍了海洋防污技术的种类,从物理方法、化学方法到仿生方法的思路进行阐述,重点介绍了低表面能防污涂料的作用机理及应用;第3章按照防污剂从有毒到无毒发展的思路,对其作用机理及在海洋防污涂层中的应用情况进行了介绍;第4章主要介绍了丙烯酸树脂涂层、聚氨酯防污涂层、聚合物刷功能化的防污涂层和水凝胶防污涂层的研究及应用情况;第5章介绍了海洋微生物防腐技术的应用,重点介绍了缓蚀剂在海洋微生物防腐技术中的应用。

本书获西安石油大学优秀学术著作出版基金、陕西省教育厅专项科研计划项目一般项目（No. 21JK0832）及陕西省自然科学基础研究计划青年项目（No. 2022JQ-492）等资助，在此表示衷心的感谢。

由于作者水平有限，本书难免存在不足和疏漏，恳请广大读者批评指正。

目 录
contents

第1章　海洋生物污损过程与机理 ……………………………………（ 1 ）

1.1　海洋污损生物 …………………………………………………（ 1 ）

1.2　海洋生物污损过程 ……………………………………………（ 4 ）

　　1.2.1　有机分子在固体表面的黏附 …………………………（ 4 ）

　　1.2.2　细菌附着机制 …………………………………………（ 4 ）

　　1.2.3　硅藻的附着 ……………………………………………（ 5 ）

1.3　海洋生物污损危害 ……………………………………………（ 7 ）

1.4　污损生物附着影响因素 ………………………………………（ 12 ）

第2章　海洋防污技术的种类与应用 ……………………………（ 13 ）

2.1　物理防污方法 …………………………………………………（ 13 ）

　　2.1.1　人工或机械清除法 ……………………………………（ 13 ）

　　2.1.2　超声波清洗技术 ………………………………………（ 13 ）

　　2.1.3　过滤法 …………………………………………………（ 14 ）

　　2.1.4　辐射法 …………………………………………………（ 14 ）

　　2.1.5　低表面能涂料防污法 …………………………………（ 14 ）

2.2　化学防污法 ……………………………………………………（ 23 ）

　　2.2.1　直接加入法 ……………………………………………（ 23 ）

　　2.2.2　电解防污方法 …………………………………………（ 23 ）

　　2.2.3　化学防污涂料法 ………………………………………（ 24 ）

2.3　生物学方法 ……………………………………………………（ 27 ）

2.4　仿生刷型表界面的防污 ………………………………………（ 38 ）

I

2.4.1　物理吸附 ·· （39）

2.4.2　"Grafting-to"方法 ······························· （39）

2.4.3　"Grafting from"方法 ···························· （40）

第3章　海洋防污剂种类及应用 ···························· （42）

3.1　重金属基防污剂 ···································· （42）

3.1.1　有机锡类 ·· （42）

3.1.2　铜及其化合物 ···································· （44）

3.1.3　锌 ·· （46）

3.2　有机杀虫剂 ··· （47）

3.3　无机纳米粒子 ······································· （49）

3.4　聚合物刷类防污剂 ·································· （51）

3.4.1　聚乙二醇 ··· （51）

3.4.2　两性离子化合物 ·································· （57）

3.4.3　离子液体 ··· （62）

3.5　天然产物防污剂 ···································· （67）

3.5.1　陆地植物天然产物防污剂 ······················ （68）

3.5.2　海洋天然产物防污剂 ··························· （71）

3.5.3　壳聚糖 ··· （75）

3.5.4　酶 ··· （81）

第4章　新型海洋防污材料 ································ （84）

4.1　丙烯酸树脂涂层 ···································· （84）

4.1.1　有机硅改性丙烯酸树脂防污涂层 ················ （85）

4.1.2　有机氟改性丙烯酸树脂防污涂层 ················ （86）

4.1.3　有机氟硅改性丙烯酸树脂 ······················ （89）

4.1.4　自抛光丙烯酸树脂防污涂层 ···················· （90）

4.2　聚氨酯防污涂层 ···································· （96）

4.3　聚合物刷功能化的防污涂层 ······················ （97）

4.3.1　单组分聚合物刷改性表面设计及其防污性能研究 ·· （97）

4.3.2　多元组分聚合物刷改性表面设计及其防污性能研究 ·········· （105）

4.4　水凝胶防污涂层 ………………………………………………（111）
　　4.4.1　水凝胶涂层防污机理 ……………………………………（112）
　　4.4.2　水凝胶防污涂层应用 ……………………………………（112）

第5章　海洋微生物防腐技术的应用 ………………………………（118）
5.1　微生物腐蚀 ……………………………………………………（118）
5.2　常用的防腐技术及作用机制 …………………………………（119）
　　5.2.1　物理方法 ……………………………………………………（119）
　　5.2.2　化学方法 ……………………………………………………（120）
　　5.2.3　缓蚀剂 ………………………………………………………（121）
　　5.2.4　电化学方法 …………………………………………………（128）
5.3　新型防腐技术的应用 …………………………………………（128）

参考文献 ………………………………………………………………（134）

第 1 章

海洋生物污损过程与机理

自从人类开发利用海洋以来，海洋生物污损、海洋钻孔生物和金属材料腐蚀就成为限制人们对海洋资源开发利用的主要问题。尤其是随着海防、航运、沿海工业等的发展，海洋生物在各种运输设备基底、海床及其他海洋装备（例如海中声呐、海流计、石油平台等）表面的污损造成了巨大的经济损失。鉴于生物污损带来的危害越来越严重，造成的经济损失越来越大，海洋生物污损的防除技术研究成为全世界关注的难题。

1.1 海洋污损生物

海洋污损生物是附着或生长在海中船舶和各种人工设施表面的微生物、植物和动物的统称。这些海洋设施黏附生物造成的危害称为生物污损（biofouling），见图 1.1。海洋污损生物的防除称为防污（antifouling）。

生活在海洋环境中的生物，种类繁多，形态各异。然而并非所有的微生物或者大型生物都会在船舶、浮标、管道系统、测试板、石油平台等表面黏附。据统计，全世界海洋中约有 4000 多种污损生物，常见的污损生物主要有：①藻类：舟形藻、小球藻、水云、浒苔、石莼、多管藻、刚毛藻等；②动物类：水螅（钟螅、中胚花筒螅等）、苔藓虫、类双壳类（紫贻贝、偏顶蛤、棘刺囊牡蛎等）、蔓足类（纹藤壶、泥藤壶等）、海葵、海绵、海鞘（玻璃海鞘、柄海鞘、菊海鞘等）和石珊瑚等（部分污损生物见图 1.2），这些污损生物在固体表面黏附、附着和生长，是海洋防污的主要研究对象。

图 1.1 海洋生物污损

(a)舟形藻

(b)石莼

(c)贻贝

(d)海葵

图 1.2 部分海洋污损生物

2

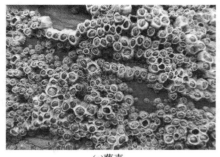

(e)藤壶   (f)玻璃海鞘

图 1.2　部分海洋污损生物(续)

　　中国海域辽阔，沿海已记录 614 种污损生物。因温度、海水盐度、光照及洋流等环境因素的影响和生物的固有特性，污损生物的群落在不同海域呈现不同的种类组成，部分代表性污损生物见表 1.1。

表 1.1　中国海域代表性污损生物

种(属)名	类　别
舟形藻 *Navicula* 楔形藻 *Licmphora*	硅藻门
石花菜 *Gelidium* sp.	红藻门
海带 *Laminaria japonica*	褐藻门
浒苔 *Enteromorpha* sp.	绿藻门
面包软海绵 *Halichondria panicea*	海绵动物门
中胚花筒螅 *Tubularia mesembryanthemum*	肛肠动物门，水螅纲
太平洋侧花海葵 *Anthopleura pacifica*	肛肠动物门，珊瑚纲，海葵目
华美盘管虫 *Hydroides elegans*	环节动物门，多毛纲；栖管石灰质
乳蛰虫 *Thelepus cincinnatus*	环节动物门，多毛纲；栖管石灰质；栖管膜质
多室草苔虫 *Bugula neritina*	苔藓动物门；直立群体
独角裂孔苔虫 *Schizpporella unicornis*	苔藓动物门；片状群体
紫贻贝 *Mytilus galloprovincialis*	软体动物门，双壳纲
僧帽牡蛎 *Saccostrea cucullata*	软体动物门，双壳纲
嫁蝛 *Cellana toreuma*	软体动物门，腹足纲
红条毛肤石鳖 *Acanthochiton rubrolineatus*	软体动物门，多板纲
网纹纹藤壶 *Amphibalanus reticulatus*	节肢动物门，甲壳纲，无柄蔓足类
鹅茗荷 *Lepas anserifera*	节肢动物门，甲壳纲，有柄蔓足类
河蜾蠃蜚 *Corophium acherusicum*	节肢动物门，甲壳纲，管栖端足类
柄瘤海鞘 *Styela clava*	尾索动物门，海鞘纲(单体)
史氏菊海鞘 *Botryllus schlosseri*	尾索动物门，海鞘纲(群体)

1.2　海洋生物污损过程

为达到海洋防污的目的，弄清楚海洋生物的附着机制至关重要。一般来说，海洋生物附着的过程是：有机小分子→微生物→小生物附着→长大→繁殖→形成群落。

清洁基底一旦接触海水环境，生物膜可迅速形成。海洋生物污损过程如图1.3所示。

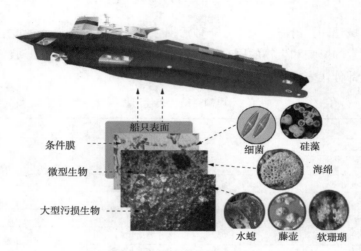

图 1.3　海洋生物污损过程

1.2.1　有机分子在固体表面的黏附

有机分子(蛋白质、多糖类物质等)通过物理吸附作用(布朗运动、静电力、范德华力等)黏附在新浸入的表面上，形成条件层。该过程时间较短，数分钟即可完成。有机分子会改变表面的物理化学条件，并为微生物菌群黏附提供营养物质。

1.2.2　细菌附着机制

细菌在固体表面的附着过程是由可逆附着向不可逆附着转变的。有机分子附着之后，大约经过一天时间，大量的浮游细菌头部黏附在基底表面，见图1.4。

4

细菌通过有机基团和离子的变化调整其黏附界面的表面张力和静电引力，该过程是可逆的物理过程。随后细菌产生由多聚糖和糖蛋白组成的胞外多聚物（EPS，Extracellular Polymeric Substances），该黏液状聚合物含有配位体和受体，配位键合大大提高细菌与基体的黏附力，之后黏附的细菌以不可逆的方式停留在基底表面，形成条件膜。当条件膜成熟之后，细胞会从条件膜脱离。在附着过程中，细菌可通过识别群体中细胞分泌的低分子量信号物质来感知群体细胞的密度。该群体感应系统对生物膜的形成和发展起着至关重要的作用。还需注意的是，不同物种分泌的胞外聚合物的物质组成不同，多糖、蛋白质的组成十分复杂，其中多糖包含不同类型的单糖及无机材料。

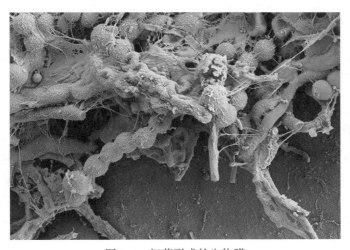

图 1.4　细菌形成的生物膜

生物膜形成后，可为多细胞的生物提供充足的可黏附位点，同时也为多细胞生物提供充足的食物。使更多诸如大型藻类孢子、大型海洋有机体的幼虫、大型藻类、海绵体、刺包动物、多毛类、软体动物、藤壶、苔藓类、被囊动物等大型生物更加容易黏附在基底表面。

1.2.3　硅藻的附着

1.2.3.1　硅藻

硅藻是具有一层硅质外壳的单细胞微藻，大小从 $2\mu m$ 到几个毫米不等，大多数不超过 $200\mu m$。据统计，目前已发现的硅藻约 250 个属 1 万多个种，部分硅藻的图片见图 1.5。

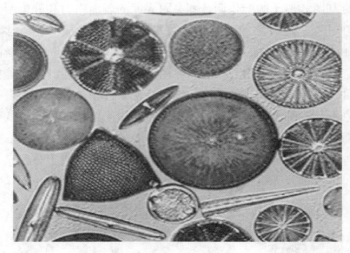

图 1.5　硅藻图片

1.2.3.2　硅藻的附着过程

硅藻在固体表面的附着过程主要包含以下三个步骤：①附着初期，在外力（重力、水流等）作用下被动到达固体表面；②初期附着的硅藻分泌爬行黏液形成可逆附着，并依靠爬行黏液在壁面上爬行；③硅藻到达合适的附着位置后，分泌大量附着黏液实现不可逆附着，最终形成生物膜。

1.2.3.3　影响硅藻附着的因素

硅藻在基底表面的附着主要是细胞外基质作用的结果。

影响硅藻附着的一个重要环境因子是温度。水温的变化会影响硅藻细胞的温度，水温又受日光照射的影响。比如，被永久冰封的南极洲单一性湖泊中硅藻的生态环境和非单一性的温带湖泊中硅藻的生态环境非常不同。这是由于处于极地的单一性湖泊，除边缘地带以外，每年要经受六个月漫长的光照和黑暗，长期处于永久冰层下面，而温带的湖泊是变温湖泊，每天都能接受光照，而且每个季节温度也不同，所以是一种深梯度变化。

另一个对硅藻附着和生长影响比较大的是水中的 N、P 含量。N、P 是硅藻生长所需的重要营养盐，N、P 含量高会促进硅藻的生长。因此在 N、P 浓度较高和光照充足的情况下，硅藻在富营养化的水环境中会大量生长，在海洋中会形成赤潮，在淡水中会引起水华，破坏生态环境，水华现象见图 1.6。

除以上因素外，固体表面的状态对硅藻的附着也有一定的影响。南昌大学李

图 1.6　硅藻引起的水华现象

燕博士后对硅藻的附着机理进行了系统的研究，从硅藻的附着位点选择机制出发，系统研究了固体表面自由能、表面电荷等因素对硅藻初始附着行为的影响，研究发现，疏水表面和带正电的表面更利于硅藻的初始附着。虽然初始附着强度较低，但有利于后期硅藻的固定生长，亲水性和带负电的表面则会刺激硅藻分泌更多的 EPS 来抵御生存胁迫。李翔筑等利用单分子自组装膜技术，制备了具有 —C≡C—、—CH$_3$、—NH$_2$ 及混合官能团的表面，研究表明，带正电荷的—NH$_2$的含量为 0.4 时，硅藻在表面的附着量最大。

1.3　海洋生物污损危害

　　生物污损是一个复杂问题，不仅带来巨大的经济损失，还会威胁海洋生态环境。在开发和利用海洋资源的历史进程中，诸如海洋养殖业、海洋油气业、海洋工程装备制造业、海洋电力业、海洋交通运输业和海水处理及利用业等海洋资源开发与利用相关行业，都难以避免地受到海洋生物污损的影响。Home 曾说："自古以来，海洋生物的污损比起腐蚀来是个更麻烦的问题，污损生物生命力之坚韧，将使污损问题成为人类征服海洋的一个难以逾越的障碍。"

　　污损生物在各种人工海洋设施表面上附着、生长、繁殖，给人类的经济活动带来了诸多问题，见图 1.7。

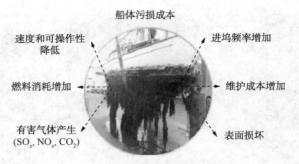

速度和可操作性
降低

船体污损成本

进坞频率增加

燃料消耗增加

维护成本增加

有害气体产生
(SO_x, NO_x, CO_2)

表面损坏

图 1.7　海洋生物污损的影响

（1）航行阻力增加

据统计，因海洋生物污损，每年海洋运输业的成本高达 1500 亿美元。图 1.8 为海洋污损生物附着的船只，船底有大量的微生物附着。污损生物的附着会造成船舶表面粗糙度增加，船舶航行阻力增加。100μm 厚的生物膜就会增加摩擦阻力 10% 以上，1mm 厚的微生物黏膜，其摩擦阻力增加 80%，使船速降低 15%。与此同时，微生物黏附造成船体质量增加，要保持船舶航行速度和机动性能，必须消耗大量的燃油燃料。污损生物的附着还会导致船舶返坞率增加，进而导致船舶维护时间和维护成本大大增加，也会缩短船舶的使用寿命，在清理过程中会产生大量的有毒物质，污染环境。据国际海事组织（IMO）估算，在不采取任何有效措施的情况下，截至 2020 年，当舰队年增长率为 3% 时，由船用燃料消耗所产生的废气排放量增加 72%。如果采用必要的防污技术，船舶行业每年可减少价值 600 亿美元的燃油消耗，并且能够减排 3.8 亿吨二氧化碳和 360 万吨二氧化硫。这对于

图 1.8　海洋污损生物附着的船底

实现节能减排目标具有重要的战略意义。而就国防军事而言，目前世界各国的主要水面作战设施及水下军事作战设备的航速和航程基本处于同一水平。因此，如果通过减小航行体界面流体摩擦阻力，提升航行体运行速度、增加航程，则可以在国家海上军事技术竞争及国防综合实力提升领域占得很大优势。

（2）金属腐蚀速度增加

海洋生物污损是影响金属材料腐蚀的一个重要因素。据统计，约20%的海洋材料因海洋微生物附着导致腐蚀失效和破坏。海洋污损生物在金属材料表面附着，改变了表面某些区域的物理和化学条件，使得条件膜下的空气难以到达的位置形成阳极，其周围区域成为阴极，氧浓差电池形成。附着的污损生物种类、数量以及特异性的不同也会导致浓差电池的产生。条件膜中微生物个体的新陈代谢活动在某种程度上会改变腐蚀机理及相应腐蚀形态。一方面，微生物代谢过程改变微观腐蚀机制，污损生物在管道中附着，会造成海水流动量减少甚至造成堵塞。随着管道内径缩小，海水流速加大，亦会引起海水流动的冲刷腐蚀。另一方面，微生物的代谢产物可能具有腐蚀性，更加恶化了金属腐蚀环境。比如醋酸梭菌氧化乙醇产生醋酸，硫氧化菌和排硫杆菌通过氧化硫或低价硫的盐产生硫酸，氧化铁杆菌把Fe^{2+}氧化成Fe^{3+}，再通过Fe^{3+}的强氧化性氧化硫或低价硫的盐产生硫酸。

图1.9为被微生物腐蚀的2205 DSS（双相不锈钢）海水管道，该管道在使用三个月之后发生了硫酸盐还原菌（SRB）与硫氧化菌（SOB）腐蚀。由图可见，在其焊接处出现的10mm×60mm的蚀洞造成了管道失效。该腐蚀具体过程见图1.10，海水中的厌氧菌SRB在管道内壁形成生物膜并不断腐蚀2205 DSS的奥氏体相，同时将海水中的硫酸盐（SO_4^{2-}）还原为Fe_2S，管壁被腐蚀穿以后，海水中的需氧菌SOB接触到空气，开始大量生长繁殖，SOB又将SRB的代谢产物Fe_2S氧化成有强烈腐蚀性的硫酸（H_2SO_4），在短时间内造成了异常严重的腐蚀现象。

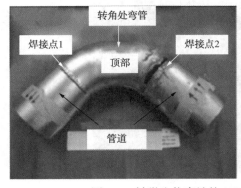
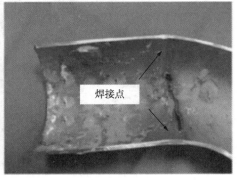

图1.9　被微生物腐蚀的2205 DSS（双相不锈钢）海水管道

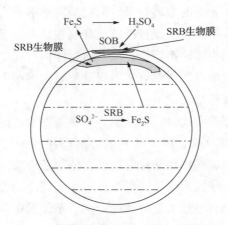

图 1.10 SRB 与 SOB 协同腐蚀作用示意图

（3）影响海洋养殖业

图 1.11 为入海 20 天左右的网片，可以看到网衣被大量生物附着，网孔基本完全被堵塞。污损生物大量附着于海洋养殖网具表面，造成网眼堵塞、网线腐蚀，降低海水交换效率。污损生物还会与养殖生物争夺饵料和海水中的溶解氧，进而可导致海水养殖鱼、贝类发育不良甚至死亡。海洋生物污损的附着会增加网具的负荷，导致物理性损害。例如，被污损的网笼受到水流冲击时的受力能达到干净网笼受力的 12.5 倍，网笼受到的水流冲击力增大，造成飘移和磨损，使用寿命降低等问题。

图 1.11 海洋污损生物附着的网衣

10

为解决这一问题，传统方法是定期更换网箱，这不仅增加了养殖户的劳动强度和养殖成本，而且严重影响了养殖对象的正常生长。污损生物还会附着在养殖对象(比如牡蛎)中，在其表面或者里面生长，降低贝类的生长速率、成活率。因此，在水产养殖中，用于控制污损生物附着而花费的费用保守估计占总花费的5%~10%，带来的直接经济损失为15亿~30亿美元。污损生物也会大量附着在养殖浮筏上，导致筏架的漂移和损坏。

（4）影响各类海洋设施的正常使用

污损生物在海洋观测仪器(如声呐、海水温盐测量仪器、计程仪等)表面附着，会导致仪器信号失真、传动机构失灵、性能下降等问题。海洋污损生物在石油钻井平台表面附着，会改变桩腿等结构物的表面特征，增加对海浪和海流的阻力，造成对结构物的动力载荷。此外，附着的污损生物还会改变钻井平台不同部位的腐蚀状态，进而影响其使用寿命。

图1.12为污损生物附着的螺旋桨，藤壶、石灰虫、海鞘等生物在螺旋桨表面附着。生物附着造成螺旋桨表面粗糙度增大，厚度增加，螺旋桨推进效率受到影响。污损生物代谢产生的酸性物质会加速螺旋桨基材的腐蚀，进而影响螺旋桨的服役寿命。

图1.12　污损生物附着的螺旋桨

此外，在船舶表面附着的污损生物会随着船舶航行进入其他海域，一些污损生物会从船舶表面脱落，如果这些污损生物在脱落海域过度生长繁殖，就会成为侵略物种，破坏该海域的原有生态环境，从而造成巨大的经济损失。鉴于上述各种危害，防止海洋生物污损的研究已成为科学界共同关注的重点研究领域之一。

1.4 污损生物附着影响因素

通过研究，污损生物附着因素大致可归类于以下几方面：

（1）海洋局部的生态环境

随着时间的推移，海域生态环境在变化，则海水中的微生物种类和数量也在变化。例如，在春季和秋季，喜光藻类通常附着并生长在海水表面附近，以便于能更好地吸收阳光；藤壶等喜欢黑暗，并且通常附着在海水深处。海水环境易于监测，但只能控制其局部的生态环境，相对而言不适合作为推广控制的因素。

（2）海水流速

海水流速对于在海洋航行的船只而言具有一定的借鉴作用，当海水相对流速达到大约 5nmile/h 左右时（1nmile = 1.852km），对于微生物来说流速较快，是微生物附着的一个很大的阻碍，可以影响生物的附着量。

（3）基材表面性质

生物体容易附着到具有较高硬度的材料表面，难以附着在光滑的材料表面、疏水材料表面、不稳定和柔软的材料表面以及强酸、强碱环境并且含有一定浓度防污剂的材料表面。

（4）光照、电场及辐射等外部因素

众所周知，辐射和电场处于磁场环境当中，对于表面具有辐射或电场的材料，微生物在其表面难以生存，会被杀死，进而降低黏附率。

基材表面性质与光照、电场及辐射等外部因素是可以进行人工控制的因素，也是目前人们最常用的控制生物污损的途径。

第 2 章

海洋防污技术的种类与应用

为了解决海洋生物污损的问题，各国研究人员尝试了多种防污方法和技术，尤其是第二次世界大战以来，已有数以千计的防污方法和防污专利被报道和实施。目前主要分为物理防污方法、化学防污方法和生物学防污方法三大类。

2.1 物理防污方法

物理防污方法是指采用物理手段（如提高流速、过滤、超声波等）来达到防污的目的。物理防污方法主要有人工或机械清除法、超声波清洗技术、辐射法、低表面能涂料防污法等。

2.1.1 人工或机械清除法

人工或机械清除法是对已有污损生物附着的船舶和海洋设施等进行机械清洗，包括水下机械清除及船舶进坞清理修复，如图 2.1 所示。这种方法是应用最早、也是比较成熟的方法。虽然这种方法操作简单，成本较低，但不能预防污损的发生，只能在污损发生之后进行清理。该方法在清除污损生物的过程中容易破坏船舶和海洋设施表面原有的防腐涂层，加速设施腐蚀，缩短船舶和海洋设施的服役寿命。

2.1.2 超声波清洗技术

超声波清洗技术将超声波发生器产生的功率超声波通过换能器将电能转换为机械能，进而辐射到液体中，强超声波在液体中产生亿万个微小气泡，使船体表

(a)人工清除法   (b)机械清除法

图 2.1   人工或机械清除法

面的污损生物难以靠近，同时使液体升温，产生扩张及压缩，形成空化效应，使物体表面、内部及缝隙中的附着物迅速脱落，从而达到清除船体附着生物的目的。但这种方法效果比较差，成本较高。

2.1.3   过滤法

过滤法是指通过过滤的方式将海水中的藻类和生物进行滤除。可以利用海水中本来就存在的沙砾和土壤，简单易行，但对于过于细小的微生物和细菌则无法处理。

2.1.4   辐射法

辐射法是利用具有辐射性能的材料会对海洋附着生物产生破坏和杀灭作用，比如利用锝-99 同位素产生 β 射线可有效防止生物污损，但这种方法对人类的健康和环境存在潜在的威胁。

2.1.5   低表面能涂料防污法

目前，在物理防污方法中，最为先进的是低表面能涂料防污法。

根据 Dupré 公式 $W_{sl} = \gamma_s + \gamma_l - \gamma_{sl}$（其中 W_{sl} 为黏附功，γ_s 为固体表面自由能，γ_l 为液体表面自由能，γ_{sl} 为固-液界面张力）可知，固体表面自由能越低，附着力越小，固体表面液体的接触角也就越大。一般认为，涂层的表面能低于 $2.5 \times 10^{-4} N/m$ 时，即涂层与液体的接触角大于 98°时才具有防污效果。Linder 根据试验结果得出，为防止藤壶附着，涂层的表面能应低于 $1.2 \times 10^{-4} N/m$。

因此，低表面能涂料基于涂料表面的物理作用，使海洋污损生物难以在涂层表面附着，即使附着也不牢固，在水流或其他外力作用下很容易脱落，达到防污的目的，见图2.2。

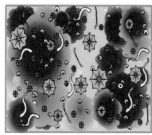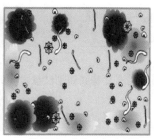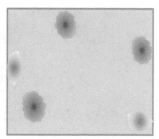

| 被生物污损的污损释放涂层 | 涂层以10节的速度动态浸没1min后 | 涂层以20节的速度动态浸没1min后 |

图 2.2 低表面能防污涂层不同速率下的防污示意图

2.1.5.1 低表面能涂层防污性能的影响因素

（1）断裂理论

断裂理论是研究生物黏附力的最有用的理论，该理论分析分离黏附后的两个表面所需的力。根据肯德尔（Kendall）的研究（至少是通过断裂力学评估弹性体的污损生物脱附行为），Chung 和 Chaudhury 认为，可以定性地理解污损生物从软膜中脱附的机理。断裂力学是对构件断裂过程的研究。该学科假设没有接缝处完全没有缺陷，并且微观尺度上的裂纹是引发裂纹扩展的应力源。断裂力学中考虑的三种开裂模式如图 2.3 所示：剥离、面内剪切和面外剪切。剥离模式下的破坏比剪切模式下的破坏需要更少的能量，并且大多数黏合构件通常在剥离模式下会失效。

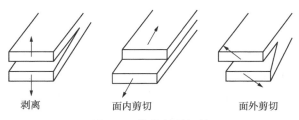

| 剥离 | 面内剪切 | 面外剪切 |

图 2.3 构件断裂机制

根据 Kendall 模型，从弹性涂层（固定在刚性基底和刚性盘之间）上取下半径为 a 的刚性圆柱螺柱所需的拉力 P_c，见图 2-4（P—法向力，a—接触半径，t—膜厚）。

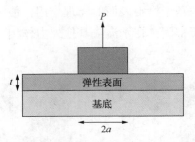

图 2.4　固定在刚性基底和刚性盘之间的弹性涂层

在 $a/t \gg 1$ 的条件下：

$$P_c = \pi a^2 \left(\frac{2 w_a K}{t} \right)^{1/2}$$

其中w_a为黏附功，K 为体积模量。体积模量与弹性模量 E 和泊松比 ν 有关，如下所示：

$$K = \frac{E}{3(1-2\nu)}$$

但是，P_c 的等式适用于接触半径 a 远大于涂层厚度 t 的情况。如果薄膜厚度远大于接触半径，即 $a/t \ll 1$，那么拉力 P_c 与厚度无关：

$$P_c = \pi a^2 \left(\frac{8 E w_a}{\pi a (1-\nu^2)} \right)^{1/2}$$

这些方程式清楚地表明，断裂或去除过程不仅与以 γ 或 w_a 表示的基底表面能有关，而且与材料的弹性特性和裂纹的几何形状也有关。然而，由于生物体和涂层的各种特性之间复杂的相互作用，很难对脱附力进行定量预测。在船舶行进过程中，力通常以一定角度而不是垂直方向施加到弹性体表面。因此，必须考虑界面滑动的附加情况。

（2）低弹性模量

低弹性模量，使污损物倾向于以剥离方式脱落，需要的外力较小。

相对黏附力与临界表面能、弹性模量的关系如图 2.5 所示。含氟聚合物和有机硅防止污损的机制有所不同。对于坚硬的玻璃状含氟聚合物涂料，由于其表面光滑无孔且能量低，因此与船用黏合剂形成的界面很弱。表面对分子相互扩散和重排的高抵抗力提供了清晰的界面，该界面很容易被面内或面外剪切模式捕捉。但是，由于含氟聚合物的体积模量高于弹性体的体积模量，因此在更高的临界应力下构件会失效。PDMS 涂层的表面能值通常比含氟聚合物高一些，并且这些材料可能与污损生物形成更牢固的键合。然而，由于材料的低模量，在污损生物上

16

施加力会使硅树脂变形，并且发生类似于剥离的破坏模式。因此，此过程比通过剪切或拉伸分离所需的能量更少。

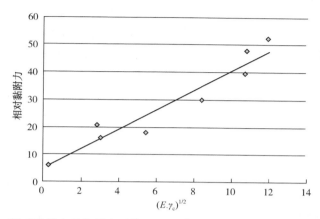

图 2.5　相对黏附力是临界表面能(γ_c)和弹性模量(E)乘积的平方根的函数

　　如果沿着裂纹传播裂纹需要大量的能量，则认为该部分很坚硬。界面的韧性主要取决于裂纹尖端附近的被黏物的形变。当裂纹沿着界面移动时，裂纹尖端中的聚合物会受到拉伸应力的作用。Newby 等人表明，黏合剂在 PDMS 表面上朝着裂纹尖端滑动，减少了聚合物的延伸，从而降低了聚合物的拉伸应力并降低了传播裂纹所需的能量。在氟聚合物或烃聚合物上不会发生此行为。因此，低生物黏附力与低弹性模量相吻合，这是由于低模量表面的迁移率使胶黏剂在界面破坏过程中滑动，从而减少了实现破坏所需的能量输入。从 PDMS 模型涂料中分离出绿藻 *Ulva linza*。在低模量下（$E=0.2$ 和 0.8MPa）去除了 80% 的孢子，而最高模量（$E=9.4$MPa）几乎没有观察到孢子脱附。此外还有研究表明，在剪切过程中涂层模量从 1.3MPa 降低到 0.08MPa，有利于假藤壶的脱附。

　　综上所述，弹性模量在表面破坏中起着重要的作用。

　　（3）涂层厚度

　　厚度是影响低表面能涂层防污性能的另一重要因素。Kendall 模型不同，从硅树脂上去除假藤壶的拉力 P_c 不同，即薄涂层的 $P_c=f(t^{-1/2})$，而 P_c 与厚涂层的涂层厚度无关。研究发现假藤壶脱附机制取决于涂层的厚度 t 和接触直径 a。污损生物脱附机理是通过剥落厚涂层（$a/t<10$）或通过形成空隙形成薄涂层（$a/t>10$）。此外，污损生物在具有厚度梯度涂层表面是混合脱附模式。Chaudhury 等人研究了 Ulva linza 孢子在厚度为 16μm、100μm 和 430μm 的 PDMS 涂层上的脱附行为。结果表明，对于 430μm 厚的涂料，孢子有较高的去除率。此外，当涂层厚度从

17

740μm 减小到 160μm 时从 PDMS 涂层中去除假藤壶的剪切应力值增加。藤壶在硅树脂涂层上的平均临界去除应力具有同样的规律，与涂层厚度成反比。但也有不遵循此规律的情况，比如大多数藤壶基底板在切除过程中破裂，去除机制不再遵循 Kendall 模型(该模型描述了断裂过程，其中底板会从弹性体上剥离)。

因此，为保证低表面能涂层的防污性能，涂层应满足以下要求：①低表面能，可以防止海洋生物的最初附着；②低弹性模量，使污损物倾向于以剥离方式脱落，需要的外力较小；③适宜的厚度，以控制界面的断裂；④光滑的表面，减少船只行进过程中的摩擦阻力；⑤较差的分子流动性，足够多的侧链表面活性基团。

2.1.5.2 低表面能防污涂料分类

由于有机锡自抛光涂层的大量使用，造成了严重的环境问题，低表面能防污涂料从 20 世纪 80 年代开始迅速发展，并且商业化。它的主要材料指以氟碳聚合物和二甲基硅氧烷(PDMS)为基料的硅树脂材料。目前，船用低表面能防污涂料主要分为有机硅和有机氟两大类。

(1) 有机硅类低表面能防污涂料

有机硅类化合物具有弹性好、表面能低、弹性模量低等特性，且化学性质稳定，可用于低表面能防污涂料的研制，使海洋生物难以附着。

有机硅类低表面能防污涂料包含有机和无机官能团，主链由硅原子和氧原子交替组成。每个硅原子连接两个有机基团，而链端硅原子具有一个第三基团，该基团可以是羟基、氨基或烷氧基取代基。最常用的材料是 PDMS(聚二甲基硅氧烷)，侧链是甲基，其结构如图 2.6 所示。

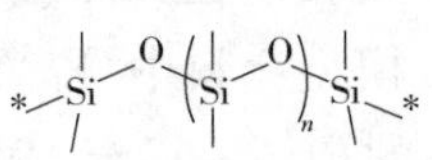

图 2.6 PDMS 的分子结构

有机硅材料最先用作防污涂料，始于 20 世纪 60 年代。1961 年，Robbart 发现使用有机硅树脂组成的表面涂层可以很大程度上避免藤壶的附着，并取得了第一个将交联有机硅用作防污涂料的专利。1970 年 Krøyer 发现，在海水中浸泡一个月之后，与硅树脂相比，固化的硅橡胶涂层显示出较低的黏附密度，去除附着在涂层表面上的污损生物所需的能量更少。硅橡胶与硅树脂的区别在于硅树脂是高度交联的硅氧烷结构。因此，由相对较软的硅橡胶制成的涂料比硬而光滑的硅树脂层更有效。另外，Mueller 和 Nowacki 使用固化的硅橡胶或弹性体作为无毒的防污涂层和减阻涂料，并用于船只。1977 年，Milne 首先申请了在固化的硅橡胶中使用硅油[即聚(甲基苯基硅氧烷)]的专利权，以提高原位浸没涂层面板的防污涂层效率。

有机硅防污涂层具有较好的防污性能，但涂膜的黏附强度和机械性能较差，一方面需要使用中间漆来增强防污漆与防腐底漆的黏结强度，增加了施工难度；另一方面，较差的机械性能使得涂层容易被外力破坏，且不容易修复，降低了涂层的使用寿命。为提高有机硅材料的防污性能，可利用聚硅氧烷链上的羟基对有机硅树脂进行改性，比如通过将丙烯酸自抛光材料和低表面能材料相结合，制备新型丙烯酸硅氧烷防污基料树脂，或引入聚脲、聚氨酯或环氧树脂链段、水凝胶等提高涂层的机械性能和防污性能。也可通过接枝或共聚的方法引入防污基团 [如季铵盐（QAS）] 或者将具有防污效果的天然活性物质（大叶藻酸）加到有机硅中等方式实现。Sommer 采用 PDMS 单体制备了表面富硅氧烷，本体为聚氨酯的硅氧烷 - 聚氨酯污损脱附（FR）涂层。低分子量的涂层可有效地减少海洋细菌的生物膜附着和较好的硅藻和藻类孢子等污损生物脱附性能，以及低的藤壶黏附力。Liu 等人将两种不同类型的季铵盐 [每个分子具有一个铵盐官能团的 QAS 或季铵官能化的多面体低聚倍半硅氧烷（Q-POSS）] 结合到 PDMS 表面，并研究了不同烷基链长度对防污性能的影响。结果表明，烷基链越长，涂料的防污性能越好，QAS 功能化的 PDMS 具有更好的防污性能，其中的结构如图 2.7 所示。

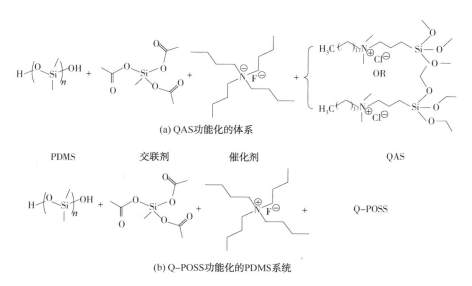

图 2.7　QAS 功能化的 PDMS 体系的化学结构

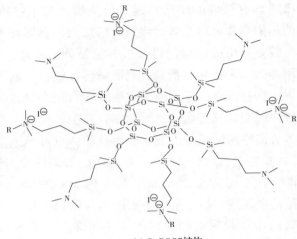

(c) Q-POSS结构

图 2.7　QAS 功能化的 PDMS 体系的化学结构(续)

物理改性也是有效途径之一，在聚硅氧烷(PDMS)中掺入海泡石纤维状、改性石墨烯或多壁碳纳米管能够改善 PDMS 的机械性能和防污性能，但是有可能降低其对一些特定生物的防污性能，共混特殊填料的改性方法还面临填料分散等问题，因此这类防污涂料的应用有待进一步探索。

（2）有机氟类低表面能防污涂料

含氟聚合物的表面能和临界表面张力极低，为 $10 \sim 20 \mathrm{mN} \cdot \mathrm{m}^{-1}$ [不同官能团表面能顺序：$-CH_2$($36 \mathrm{mN} \cdot \mathrm{m}^{-1}$)>$-CH_3$($30 \mathrm{mN} \cdot \mathrm{m}^{-1}$)>$-CF_2$($23 \mathrm{mN} \cdot \mathrm{m}^{-1}$)>$-CF_3$($15 \mathrm{mN} \cdot \mathrm{m}^{-1}$)]，表面具有疏水性，结构非常稳定，引起科研人员广泛的研究兴趣。

有机氟类涂层表面的污损物可以通过剪切力而脱落。但制备含氟聚合物时，对工艺要求严格，需要极清洁的条件，价格昂贵，不便于实际应用。当含氟聚合物用于防污涂料时，可以通过下列方法来实现：①表面应含有足够的氟化基团，可在涂料中添加全氟化合物表面活性剂，其加入量一般为 10%(质量分数)。如在环氧树脂中加入 10% 的全氟辛酸，会使其临界表面张力从 $4.5 \times 10^{-4} \mathrm{Nm}^{-1}$ 降到 $1.63 \times 10^{-4} \mathrm{Nm}^{-1}$；②将氟原子引入聚合物链中，引入的含氟基团通常为 $-CF_2$ 和 $-CF_3$。一般来说，一定结构的含氟聚合物，氟含量越高，其表面能越低。第一种方法所需的全氟化物表面活性剂用量少，可以有效地降低成本，且施工简单，但是全氟化物表面活性剂遇水时，其表面能会有一定程度的增加。

含氟聚合物作为污损脱附防污涂层首次应用是在 1973 年 Berque 获得的专利中，其中使用了含氟聚合物，例如聚四氟乙烯 PTFE 或氟化乙烯-丙烯共聚物来保护船体。由于 PTFE 表面能低，最初它被认为是有希望的防污涂层，但因其表

20

面不规则性使生物黏合剂能够在微腔中侵入和固化并建立牢固的污损涂层，会迅速积聚污损生物。因此，科研人员将研究重点转移至氟化丙烯酸酯聚合物（图2.8）、全氟聚醚聚合物（图2.9）和聚（乙二醇）氟聚合物（图2.10）等。Brady以聚

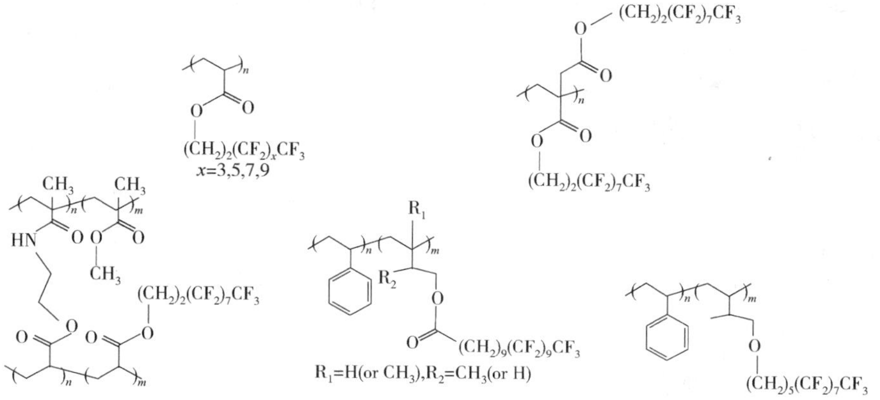

图 2.8　全氟烷基聚合物

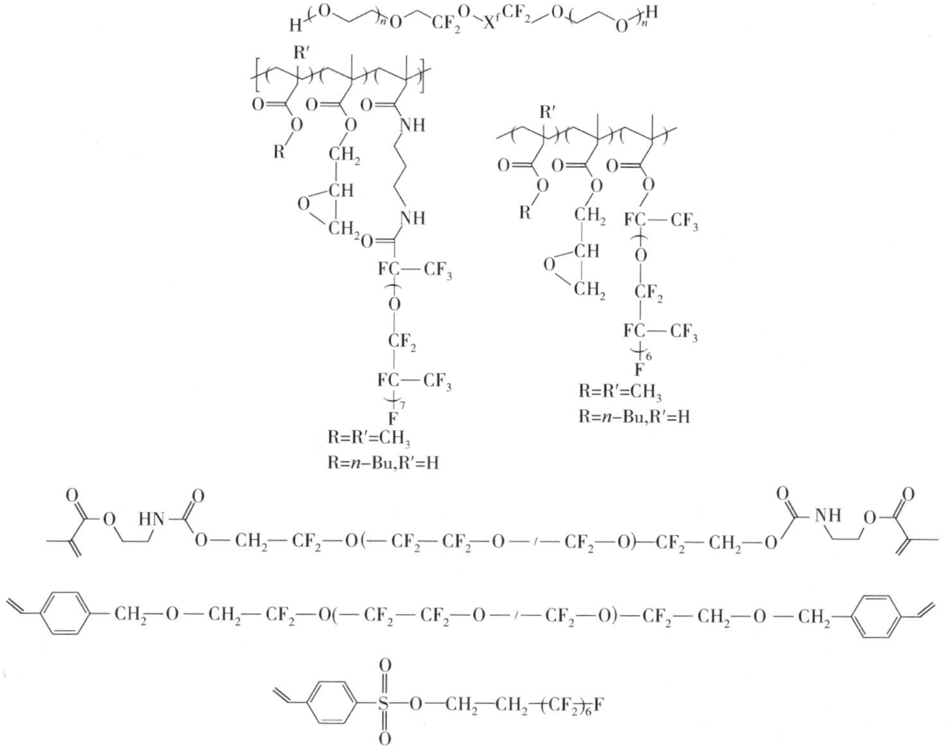

图 2.9　全氟聚醚聚合物

21

[全氟(甲醛–r–氧乙烯)二羟甲基]封端的低聚物(也称为全氟聚醚或 PFPE 二醇)与二异氰酸酯组分为起始反应物,加入交联剂和二月桂酸二丁基锡,调整反应物比例以控制聚合物的交联密度,进而调控防污涂层的弹性程度和物理性能。氟含量从 9mol% 提高到 10mol%,导致表面能从 $27mJ \cdot m^{-2}$ 下降到 $25mJ \cdot m^{-2}$,弹性模量 E 从 3MPa 增加至 7MPa。此外,采用丙烯酸类单体和有机氟单体在引发剂作用下合成树脂,采用乙烯基吡啶、间苯三酚等天然防污剂对树脂进行改性,也可提高低表面能涂层的抑菌性能。

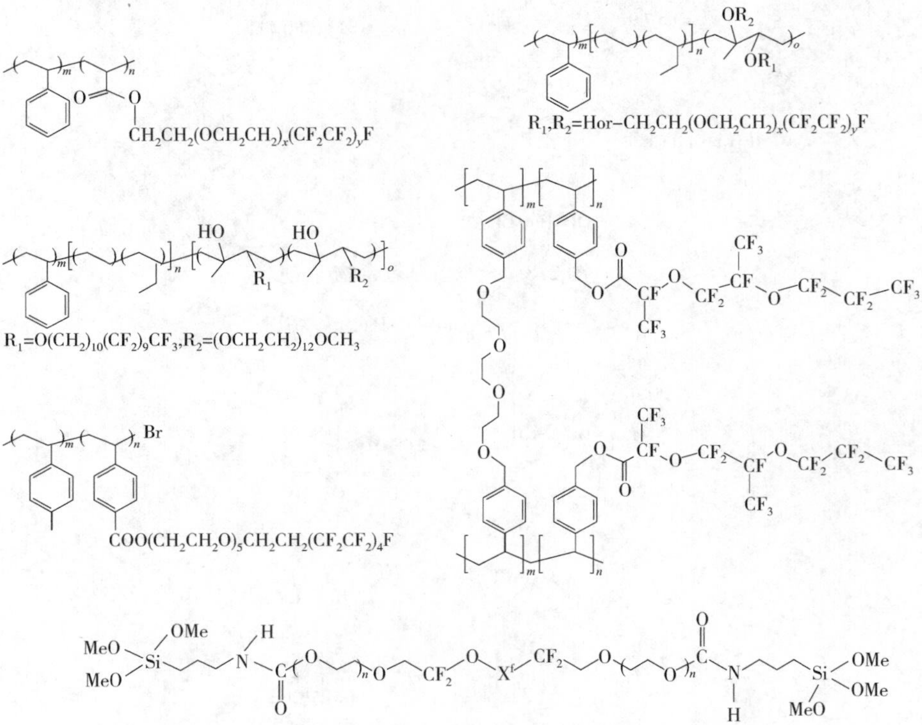

图 2.10　聚(乙二醇)–氟聚合物

以上实验清楚地证明了低表面自由能方法在开发无毒、无污染的涂料以控制海洋生物污染方面的可行性。总的来说,低表面能防污涂料的最大优点是环保无毒,不含杀生剂。低表面自由能涂层中没有活性物质的消耗,而是基于物理表面作用,从而确保了较长的有效寿命(5~10 年),具有广谱性。涂料表面光滑,具有较好的减阻效果,通常这类涂料比较适用于诸如游艇等高速船只,对航行速度低于 8 节的船舶防污性能较差。由于成本较高,限制了其推广使用。

2.2 化学防污法

化学防污法主要是利用化学物质对海洋污损生物进行毒杀，阻止其附着。化学防污法是目前使用最广泛的方法。根据化学物质的加入方式，可以将化学防污法分为直接加入法、电解法和化学防污涂料法。

2.2.1 直接加入法

直接将一些有防污效果的化学物质加入海水中，抑制或者杀死海洋污损生物。一般采用的化学物质有氯、次氯酸钠、丙烯醛和臭氧等。与加入氯相比，臭氧具有更有效、更广谱的杀生作用，而且更加环保。

2.2.2 电解防污方法

电解防污方法是利用电化学的原理，通过电解产生有效的化学物质抑制或杀死海洋污损生物，从而达到防污的目的。该方法根据其产生的防污剂的种类又可以分为电解海水防污法和电解重金属防污法［电解铜–铝（铁）、电解氯–铜］，装置如图 2.11 所示。

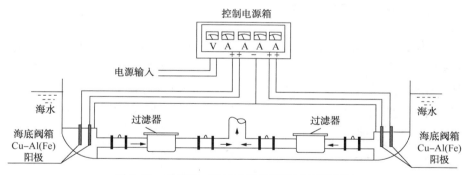

图 2.11 电解铜–铝（铁）防污装置工艺原理图

电解海水防污法是通过电解海水产生有效氯（包括 $HClO$、ClO^-、Cl_2），可杀死海洋污损生物的孢子或幼虫，从而达到防污的目的。电解海水时，主要反应如下：

$$阳极：2Cl^- \longrightarrow Cl^2 + 2e^-$$

$$4OH^- \longrightarrow O_2 + 2H_2O + 4e^-$$

$$阴极：2H_2O + 2e \longrightarrow 2OH^- + H_2 \uparrow$$

阳极产生的氯气又与阴极产生的氢氧根和水反应：

$$Cl_2 + 2NaOH \longrightarrow NaOCl + NaCl + H_2O$$

电解海水产生的活性次氯酸可以有效杀死污水中的细菌，同时又可利用活性次氯酸的强氧化能力将污水中的有机物氧化分解为二氧化碳和水，因此，电解海水防污法既环保又有效，目前已经被广泛地应用。

电解重金属法是将重金属（主要是铜）作为阳极在海水中电解，重金属溶解生成重金属离子，利用重金属离子的毒性来杀死海洋污损生物。目前电解重金属防污技术主要有电解铜-铝（铁）防污技术和电解氯-铜防污技术。电解铜-铝（铁）技术是将铜和铝作为阳极，电解铜阳极生成有毒性的铜离子，而电解铝阳极生成的铝离子与阴极产生的 OH^- 作用，生成 $Al(OH)_3$ 絮状物作为铜离子的载体，黏附在管壁上，杀死污损生物的孢子和幼虫，从而达到防污的目的。电解氯-铜技术是采用析氯活性阳极（DSA）和铜阳极，电解时分别生成铜离子和次氯酸盐，两种有毒物质通过"协同效应"提高防污效果。

电解防污技术始于 20 世纪 60 年代，到 80 年代中期电解防污技术已普遍用于船舶、海上平台、海滨电厂、炼油厂、核电站等冷却管道系统，但该技术在使用过程中电解产生的重金属离子会对周围环境产生污染，而且电解海水过程中产生的氯会加速金属结构腐蚀，因此，这项技术仍需改善。

2.2.3 化学防污涂料法

化学防污涂料法是指在接触海水的表面涂刷含防污剂的防污涂料，固化后在船舶表面形成保护涂层，在海水中防污剂可缓慢均匀地释放，有效抑制海洋污损生物的附着和生长，其作用机理如图 2.12 所示。它包括两个主要部分：杀菌剂和黏合剂。杀菌剂通常包埋在或链接到成膜有机基质黏合剂中。

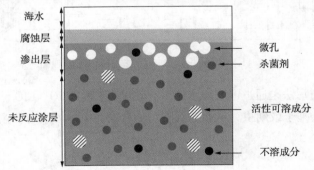

图 2.12 暴露于海水中含有杀菌剂的防污涂料行为示意图

涂刷防污涂料是目前应用的最多的防污方法，根据所用的基料分类，化学防污涂料可以分为溶解型防污涂料、不溶型防污涂料和自抛光型防污涂料（表 2.1）。

表 2.1 传统型海洋防污涂料的分类

类别	主要成分	特点
基料溶解型防污涂料	松香或其衍生物+少量改性树脂和氧化亚铜	有效期 1 年 存在对生物有毒害作用的防污剂，防污效率不高
基料不溶型防污涂料	聚烯烃或丙烯酸酯+氧化亚铜	防污效果可达 3~5 年 利用率低，后期防污效果较差 释放出的毒剂严重污染海洋环境
有机锡自抛光防污涂料	有机锡丙烯酸酯共聚物+氧化亚铜	连续、稳定释放毒剂，具有防污和自抛光双重效果 有机锡类海洋防污涂料的使用会对水环境和海洋生物造成危害
无锡自抛光防污涂料	丙烯酸酯+有机酸铜（有机酸锌，有机硅烷）	防污寿命与涂膜厚度成正相关 防污效果可达 5 年 毒性低

2.2.3.1 溶解型防污涂料

溶解型防污涂料是指涂料中的基料在海水中溶解，涂料中的毒性物质随着基料的溶解而释放出来，以此达到防污的效果。这类涂料的基料以松香为主，因而可允许毒料浓度较低（25%左右），添加的防污剂主要为氧化亚铜，还有铁或锌的氧化物，以及以前使用的砷或汞。为了保证涂层的有效性，杀菌剂必须以在表面边界层内产生毒性浓度所必需的速率在涂料表面连续释放。涂料的溶解过程对其释放速度有一定的限制，这类防污涂料的防污寿命较短，多为 1 年左右。这类涂层的优点是可以应用于光滑的沥青基底表面，缺点是黏合剂容易被氧化，如果船只涂此类涂料，应在涂覆后尽快重新冷冻，以免与大气接触而发生氧化。溶解性防污涂料在静止状态下的防污效果较差，不适用于低速船只或长时间闲置的船舶。

2.2.3.2 基料不溶型防污涂料

基料不溶型防污涂料是指涂料中的基料在海水中不溶解，而毒性物质在海水中溶解释放出来，阻止污损生物的附着。接触型防污涂料是基料不溶型防污涂料，这类涂料的基料常采用不溶于水的环氧树脂、氯化橡胶、聚烯烃或丙烯酸酯等合成树脂，浸入水中不会抛光或腐蚀，防污剂为氧化亚酮。这类防污涂料机械强度高，也被称为硬质防污涂料，可形成较厚的涂层，防污效果可达 3~5 年。

但该类防污涂料中毒料含量较多，并且能扩散至环境中，对生态环境造成危害。

2.2.3.3 自抛光型防污涂料

自抛光型防污涂料主要有锡型和无锡型两种。有锡型主要成分为有机锡和丙烯酸的共聚体。其作用机理为：当这种涂料浸入海水中，基料发生水解，水解之后的树脂可在船舶航行过程被海水冲刷掉，并保持表面光滑，同时可连续稳定地释放出防污剂，见图2.13。该防污涂料的防污寿命可达5年。

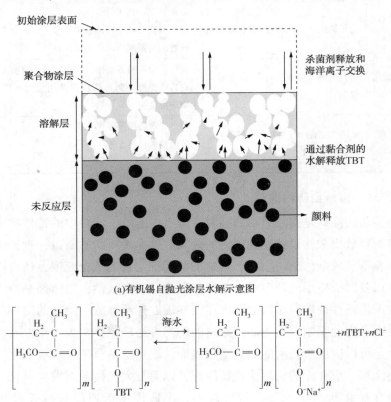

(a)有机锡自抛光涂层水解示意图

(b)有机锡自抛光涂层水解机理

图2.13 有机锡自抛光涂层水解

自抛光防污技术兴起于20世纪70年代中期，据英国IP公司统计表明：进入20世纪80年代，全世界有60%～70%的船舶使用有机锡自抛光防污涂料。在防污涂层中，杀菌剂是防止海洋生物黏附、生长和沉降的活性成分。杀菌剂的有效性随其浓度和暴露时间而异。因此，涂料中杀生物剂的释放是最重要的。基本上，杀菌剂的释放涉及溶解和扩散，海水必须进入涂料中才能溶解杀菌剂，而溶解的活性成分必须再次回到涂料表面。因此，高效的进出路径对于基于杀菌剂的防污至关重要。这就是采用自抛光技术的原因，该技术可以使杀菌剂耗尽层尽可能薄，缩短杀菌剂在涂层中的进出路径。

但有机锡自抛光防污涂料不断释放出有机锡毒料，此毒料在海水中积累会引起生物致畸。由此，国际海事组织（IMO）所属的海洋环境保护委员会（MEPC）规定：含有机锡的防污漆的最终使用期限为 2008 年 1 月 1 日。

2.2.3.4 无锡自抛光型防污涂料

为适应环保需求，自 20 世纪 70 年代以来，很多研究者致力于无有机锡自抛光防污涂料（简称无锡自抛光防污涂料）的开发。无锡型自抛光防污涂料一般以氧化亚铜为防污剂，该涂料的成膜聚合物一般是由可水解聚合物或具有降阻性能的亲水性聚合物及水溶性聚合物组成，其防污寿命与涂膜厚度成正比。

无锡自抛光防污涂料一般可分为普通自抛光防污涂料、含杀生物功能基的自抛光防污涂料和生物降解型自抛光防污涂料，这些防污涂料的主体都是自抛光共聚物。普通自抛光防污涂料的共聚物为丙烯酸或甲基丙烯酸类共聚物。含杀生物功能基的自抛光防污涂料的共聚物侧链上含有杀生物活性功能基团，该侧链活性基团可为四芳基硼酸四烷基铵络合物、N-甲基丙烯酰咪唑、甲基丙烯酸-2,4,6-三溴酚酯等。生物降解型自抛光共聚物有生化树脂、天然树脂、合成树脂三类。无锡自抛光涂料是当今防污涂料取得最大成效的品种，已有不少产品在船舶及有关设施上广泛使用，其中 Ecoloflex（含铜聚合物）、Seagrandprix1000/2000、Takato Quantum、SeaQuantum（含硅聚合物）、ExionSeagrandprix 500/700、Globic 和 Alphagen（含锌聚合物）等产品均有 5 年实船使用的防污效果。

与有机锡 SPC 不同，这些聚合物不会产生足够的杀菌剂以发挥作用。因此，除了在共聚物内部发生反应的有毒物质外，这些涂料还包括有毒物质颜料，因此在海上任何使用条件下开发出的海洋防污涂料都具有高效的防污性能。最初，ZnO 与不溶性颜料一起用作颜料。锌离子较差的防污活性可以通过高抛光速率来弥补。向氧化亚铜的转变使得可以降低抛光速率并获得更好的抗藻类污损性能。

2.3 生物学方法

在自然界中，某些海洋生物具有天然抗生物黏附的特性，比如海藻、珊瑚、马面鲀、海豚、鲨鱼、鲤鱼和鲸鱼等。研究表明，这些海洋生物本身可通过分泌某种特殊的化学物质，或特殊的表面结构来阻止其他海洋生物在其表面附着。因此，生物防污也是从这两个角度出发，一个是化学成分，提取特定生物的分泌物获得天然的防污剂，作为添加剂或进行表面化学成分修饰；另一个则是在涂层材料表面上加工得到仿海洋生物表皮的微结构，使污损生物难以附着到涂层表面，这里主要讲述生物结构的仿生。

进行生物结构仿生时，设计的表面一般含有微纳结构或是褶皱，是超浸润的表面，表现为超疏水、超疏油或者是水下超疏油界面。仿生超浸润材料源于自然界中超疏水、自清洁等现象，比如玫瑰花瓣、荷叶、海豚和鱼等动植物表面，其润湿理论如图 2.14 所示。Wenzel 认为液滴在表面进行铺展时，液滴会将粗糙结构表面全部浸润，形成固/液混合界面。Cassie 模型认为当液滴与表面接触时，液滴不与固体表面直接接触，液滴与表面的接触存在液/固和液/气两种状态。从 Wenzel 和 Cassie 模型可以看出，微纳结构有助于形成超疏表面。微纳米结构的构筑可以通过电化学刻蚀、模板法、阳极氧化法、电化学沉积等方法来实现。

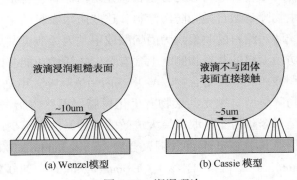

图 2.14　润湿理论

一些无毒防污策略主要基于控制表面物理化学、机械和形貌特性，这些特性对海洋生物与表面之间的相互作用有重大影响。研究发现，一些海洋生物的表皮具有特殊的结构，这种特殊的结构可有效阻止海洋生物的固着。鲨鱼是海洋中游速最快的生物之一，对其皮肤表面的观察表明：鲨鱼皮表面坚硬，具有呈三维互锁的盾甲鳞沟槽结构，也叫肋条(riblet)结构，沟槽顺水流的方向排列，其结构见图 2.15。早期对鲨鱼皮结构的研究源于其显著的减阻效应，后来研究发现，鲨鱼皮非光滑的沟槽结构的表面还具有较好的抗生物黏附特性。也有研究人员模仿海豚的表面，制备了一种由环氧树脂和极端密集纤维组成的植绒型防污材料，在被保护器件表面生成一种类似海豚皮肤的、带有微细鞭牧毛的不稳定表面，防止海洋生物的附着，取得了一些成效。美国佛罗里达大学基于鲨鱼皮的防污原理，使用橡胶和塑料材料，研制出一种环保型的舰艇防护涂层，如图 2.16 所示。

图 2.15 鲨鱼及鲨鱼皮肤结构的扫描电镜照片

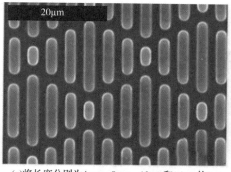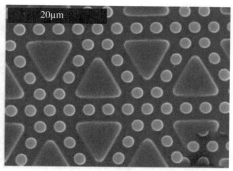

(a)将长度分别为4μm、8μm、12μm和16μm的2μm 条状结构组合在一起形成 Sharklet防污涂层

(b)10μm等边三角形与直径为2μm的圆柱组合

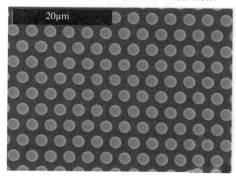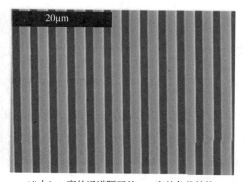

(c)六角形的直径为2μm的圆柱组合

(d)由2μm宽的通道隔开的2μm宽的条状结构

图 2.16 根据鲨鱼皮肤结构制备的 PDMSe 防污表面的 SEM 图像

  鲨鱼表面上的条纹几何形状可以诱导流体平行于液体流向来降低剪切应力，因此鲨鱼皮具有低阻力和防污的显著特点。尽管受到鲨鱼皮启发的低阻力表面受到广泛关注，但在微米尺度上精确模拟肋条本质结构并精细控制其结构特征仍然

是一个重要挑战。Wonhee 提出了一种利用光可配置偶氮聚合物制造低阻力鲨鱼皮仿肋条本质结构的新方法。这种轻巧设计的鲨鱼皮肤模拟表面与鲨鱼一样，表现出优越的疏水性和防污效果。这种制备仿鲨鱼皮低阻力表面的方法具备简单、快速、可扩展、经济、实用等特点，可以满足多种低阻力防污表面的应用和需求。

此外，还有渐变结构，对于识别与防污应用相关的关键表面特征或有利的表面特性非常有用。例如，在同一表面上具有位置限制和逐渐变化的特性，可以在单个实验中对微生物行为进行高通量和经济高效的分析，从而进一步简化新的表面设计。Chaudhury 等研究了在具有连续疏水梯度的梯度表面上游动藻类孢子的附着行为（图 2.17），结果表明，将具有表面能梯度的表面与绿色海藻 *Ulva* 的运动孢子一起浸泡时，附着在梯度亲水部分上的孢子比疏水部分上的孢子大得多。该结果与在均质的疏水和疏水表面上观察到的孢子的行为相反。数据表明，梯度对孢子有直接和积极的影响，这可能是由于在表面传感的初始阶段孢子的迁移偏向导致的。

图 2.17　游动孢子附着在"蜂窝"状梯度形貌的 PMMA
[聚(甲基丙烯酸甲酯)]表面的 SEM 图片

但是，由于不同的污损生物对不同长度尺度的形貌有选择性黏附，因此可能需要梯度结构。Efmenko 等人的研究表明，海洋生物种类繁多，具有单一长度尺度形貌的涂层不能阻止海洋生物污染。因此，他们认为具有数十个纳米尺度到几毫米的不同长度尺度图案的涂层可以用作水下防污涂层。Brennan 等人研究了表面结构的尺寸、几何形状和粗糙度对海洋防污的影响。通过标准光刻技术，在合成硅橡胶表面制备了多种图案，包括通道、脊、柱状和 Sharklet 等图案，研究结果表明，有效的防污涂层应具有比海洋生物尺寸或生物黏附时探索表面部分的尺寸小的形貌特征。石纯孢子黏附实验表明，与光滑涂层相比，特征尺寸小于游动孢子的 Sharklet 防污涂层可以有效降低孢子的黏附密度。Petronis 制备了具有微纳结构的有机硅表面，该表面以构成金字塔形或带状排列的阵列，其排列范围为高 $23\sim69\mu m$，周期性尺寸 $33\sim97\mu m$。藤壶黏附实验表明，鲨鱼皮结构抗藤壶黏附性能优于金字塔结构。Nys 课题组通过几组生物污损实验详细研究了附着点理论，研究发现，黏附强度受海洋生物或海洋生物的一部分的附着点数量的影响，相对于附着繁殖体/幼虫的尺寸而言，微结构的尺寸在附着部位的选择上很重要。如图 2.18 所示。当微结构尺寸稍小于沉降繁殖体/幼虫的宽度时，附着力通常较低，而当波长大于繁殖体/幼虫的宽度时，附着力增加。附着点理论为开放具有高效防污性能的涂层提供了强有力的理论支撑。

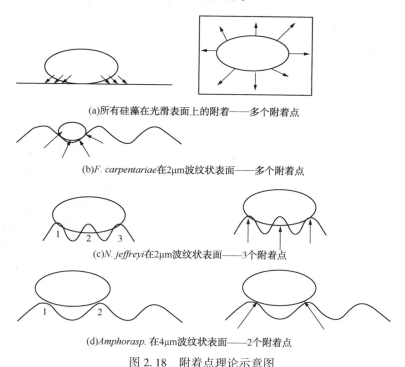

(a)所有硅藻在光滑表面上的附着——多个附着点

(b)*F. carpentariae*在 $2\mu m$ 波纹状表面——多个附着点

(c)*N. jeffreyi* 在 $2\mu m$ 波纹状表面——3个附着点

(d)*Amphorasp.* 在 $4\mu m$ 波纹状表面——2个附着点

图 2.18　附着点理论示意图

通过研究得知，微结构尺寸为 $2\mu m$ 时可有效阻止藻类孢子的黏附，$20\mu m$ 左右的尺寸对藤壶幼虫有作用，宽为 $2\mu m$、长为 $4\sim16\mu m$ 的结构对阻止金黄色葡萄球菌(*Staphylococcus aureus*，*S. aureus*)生物膜的形成具有一定的作用。鉴于该研究成果，Brzozowska 研究了受海洋十足蟹——哈氏肉哲蟹(*Myomenippe hardwickii*)表面结构(见图 2.19)，发现十足蟹的表面微结构具备以上不同等级的尺寸，认为 *Myomenippe hardwickii* 甲壳上的高纵横比特征可能具有潜在的防污性能。因此，Brzozowska 仿生制备了具备十足蟹结构的 PDMS，并在该表面分别采用 FDTS

（1H，1H，2H，2H 全氟十二烷基三氯硅烷）、两性离子聚合物刷（磺基甜菜碱丙烯酰胺，SBMAm）或逐层沉积聚电解质（聚亚乙基胺，PEI）进行修饰，然后进行实验室和现场静态浸泡试验，研究了仿生表面对藤壶和藻类黏附的性能。结果表明，当微拓扑结构与接枝聚合物链结合时，微图案表面上的生物黏附量显著减少，并且具有协同效应，双眉藻在防污表面的黏附形貌见图 2.20。

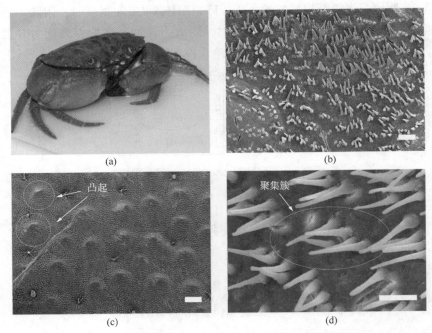

图 2.19 *Myomenippe hardwickii* 不同部位的表面结构

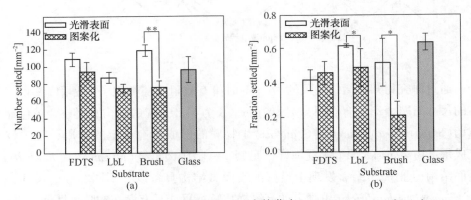

图 2.20 双眉藻（*Amphora coffeaeformis*）和纹藤壶（*Amphibalanus amphitrite*）
在不同防污表面的黏附密度

Ware 等仿猪笼草的表面结构设计了一种新型的聚合物——注入润滑剂（无毒惰性硅油）的纳米结构起皱表面，见图 2.21。该褶皱表面是用三种不同的聚合物［聚四氟乙烯 AF、聚苯乙烯和聚（4-乙烯基吡啶）］和两种可收缩基材（聚收缩膜和收缩膜）制成。通过加入润滑油降低表面能，润滑油含量高，水滴的滚落角越小，从而产生更好的防污性能。研究表明，注入表面在海水中具有稳定性，注入硅油含量仅为 $0.9\mu L \cdot cm^{-2}$ 时，表面对假交替单胞菌属细菌的生长抑制率高达 99%。在悉尼港水域进行超过 7 周的现场试验表明，硅油注入抑制了藻类的附着，但随着硅油逐渐耗尽，藻类附着增加。

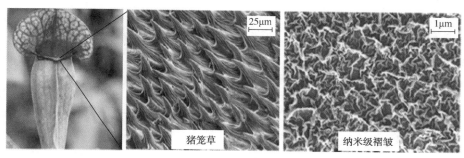

图 2.21　仿猪笼草表面结构的防污表面

为实现润滑剂的长效释放，可以将硅油进行封装，进而达到表面润滑剂自我补充的目的。Yu 设计了一种具备润滑剂自我补充和基质自愈合特性的聚硅氧烷-聚脲湿滑弹性体。通过优化化学成分和分子间的相互作用，制得的光滑弹性体具有独特的力学性能，当异佛尔酮二异氰酸酯（IPDI）和对苯二甲酸乙二醛（TPAL）的比例为 0.8：0.2 时，PDMS-IPDI-TPAL@ Oil 薄膜的力学性能最好，其断裂强度为 0.12MPa，伸长率为 1600%，自愈合效率为 98%。此外，储存在光滑弹性体胶囊中的润滑剂可以在机械刺激下控制释放，进一步实现表面的自润滑和液体操纵在光滑和钉扎状态之间切换。在图 2.22（e）中可以看到，被切开的 PDMS-IPDI-TPAL@ Oil 薄膜贴合在一起，在 60℃ 下处理 8h 后，两部分薄膜融为一体，这个过程是薄膜的自愈合过程，这主要是亚胺和氢键的可逆断裂和重建。如图 2.22（d）所示，当样品损坏时，大量断裂处的亚胺键和氢键被破坏并重新组合，以恢复材料的机械性能。而且添加的硅油可以稀释聚合物链，提高聚合物的流动性，有利于快速自愈。从图 2.23（h）~（k）可以看出，小球藻细胞密集分布在 PET（涤纶织物）表面，覆盖率为 7.6%，但 PET@ PIT@ Oil 薄膜由于表面油膜的存在，小球藻的覆盖率仅占 0.3%，该自愈涂层还具备较好的减阻性能，能够在水下、有机溶剂或缓冲液等复杂实验室环境中均保持表面清洁。

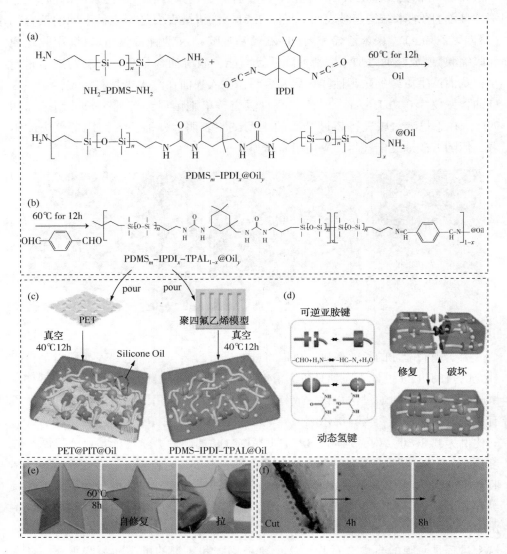

图 2.22 （a）~（c）合成路线；（d）PDMS$_m$–IPDI$_x$–TPAL$_{1-x}$@ Oil$_y$ 的自愈机制；（e）星形 PDMS–IPDI–TPAL@ Oil 薄膜的自愈过程数码照片；（f）PDMS–IPDI–TPAL@ Oil 被切割成两个独立的部分的光学显微镜图片

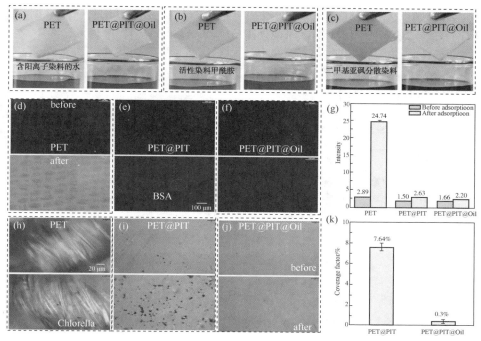

图 2.23 （a）～（c）不同样品从不同溶液中提取油的过程；（d）～（g）不同样品
表面异硫氰酸标记的牛血清蛋白（FITC-BAS）的吸附情况；（h）～（k）不同样品
表面小球藻的黏附情况

鱼鳞表面也具有一定的防污效果。Wang 基于该自然现象设计了模拟鱼鳞结果的人造表面，该表面具备水下超疏油并和自抛光性能。将自抛光聚合物和海水响应性聚合物聚（丙烯酸三异丙基硅酯-co-3-甲基丙烯酰氧基丙基三甲氧基硅烷）［poly（TISPA-co-MPS），PTM］接枝到 SiO_2 纳米颗粒表面，原位创建水下超亲油表面。当 SiO_2 纳米颗粒含量高于 20% 时，都可以获得水下超疏油表面，而且涂层的使用寿命也更长。在人工海水中，涂层表面能够通过水解表层自抛光聚合物并随后溶解，实现表面的更新。PTM 通过海水诱导水解转化为亲水链，从而增强了拒油性（零油附着力），并赋予表面优异的抗蛋白吸附特性。由于水解仅限于涂层的表层，因此可以避免传统水下超疏水涂层发生的吸水溶胀，从而涂层耐久性得到提高（图 2.24）。

薛群基院士团队通过阳极氧化的方法在 TC4 合金表面进行刻蚀，获得微纳结构，并对微纳结构表面进行 1H，1H，2H，2H-全氟辛基三乙氧基硅烷（POTS）改性和注入聚全氟甲基异丙基醚（PFPE），表面形貌见图 2.25。从图 2.26 可以看出，在短小舟形藻培养液中培养 7d 后，由于润滑层的超光滑性，导致在 SLPS

（充满润滑油的光滑多孔表面）上的短小舟形藻数量明显低于在空白 TC4 合金上的短小舟形藻数量，因此短小舟形藻难以黏附在 TC4 合金上。

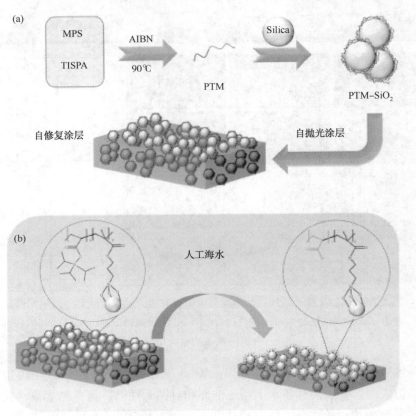

图 2.24 　(a)涂层的制备；(b)基于 SP/PTM-SiO$_2$ 涂层的海水中水下超疏水表面的形成机理图

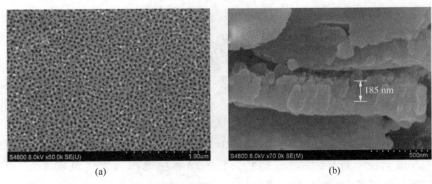

图 2.25 　不同电压下获得的 TC4 合金表面形貌

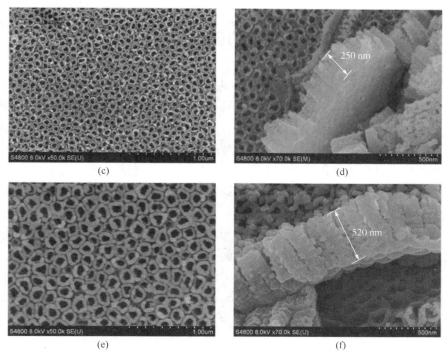

(c) (d)

(e) (f)

图 2.25　不同电压下获得的 TC4 合金表面形貌(续)

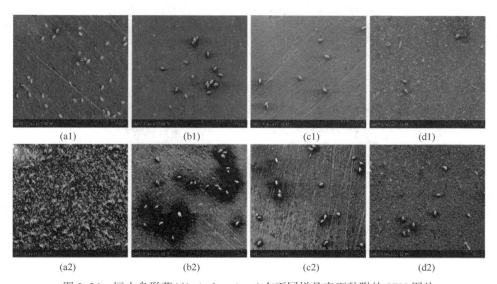

(a1)　　　　(b1)　　　　(c1)　　　　(d1)

(a2)　　　　(b2)　　　　(c2)　　　　(d2)

图 2.26　短小舟形藻(*Navicula exigua*)在不同样品表面黏附的 SEM 图片

2.4 仿生刷型表界面的防污

当物体浸没入天然水时，蛋白质和多糖蛋白等有机物、硅藻等就会吸附到表面上，迅速形成一个调整膜，进而促进其他海洋生物的附着，导致后续的生物污染。因此，调控材料表面与蛋白质分子、微藻之间的相互作用、抑制材料表面蛋白质的吸附在研究抗生物污损涂层材料领域具有重要的意义。

聚合物刷是指通过化学键固定在各种表面的一层微纳米尺度的聚合物薄膜。作为一种有效的表面改性手段，聚合物刷因其优异的机械性能、生物相容性、抗蛋白吸附等特点在生物医学、药物运输、电子器件等领域具有潜在的应用价值。近几年来，表面接枝聚合物刷在抗生物污损领域发展迅速。该方法是通过在表面接枝功能化的聚合物刷，利用聚合物刷的排除体积或者引入具有抗菌活性的官能团达到阻止蛋白质和细菌吸附的目的。因此，表面接枝聚合物刷也是一种有效的防污方法。聚合物刷可通过物理吸附、"grafting-to"和"grafting-from"法修饰到表面上(图2.27)。

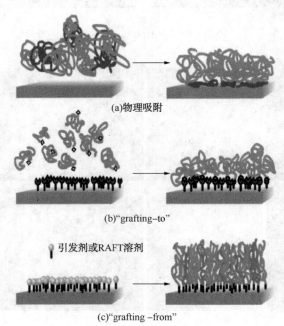

(a)物理吸附

(b)"grafting-to"

引发剂或RAFT溶剂

(c)"grafting-from"

图2.27 聚合物刷的制备方法

2.4.1 物理吸附

物理吸附是一个可逆的过程，可通过高分子表面活性剂或端基功能化聚合物自组装到固体表面实现。表面接枝密度和结构维度的特征都是由热力学平衡控制的过程。嵌段共聚物和接枝共聚物的物理吸附在选择性溶剂或选择性表面，分别形成选择性溶剂化作用和选择性吸附。这种方法制备的聚合物薄膜，聚合物与基底间的相互作用较弱，稳定性较差。

2.4.2 "Grafting-to"方法

"Grafting-to"方法是指聚合物链的末端官能团通过物理吸附或表面与修饰物之间特定的化学键将聚合物链锚固到基底上。Lee 等人将邻苯二酚接枝聚乙二醇（PEG-g-catechol）修饰到不同的表面上，进行了 6h 的成纤维细胞黏附实验，研究发现，金片和硅片表面的细胞黏附密度分别为 766cells/mm^2 和 838cells/mm^2，而修饰了 PEG-g-catechol 的金片和硅片表面的细胞黏附密度仅为 16cells/mm^2 和 7cells/mm^2。Textor 等人通过含多巴胺结构的多齿寡聚物将树枝状结构的寡聚乙二醇（OEG）接枝到了二氧化钛表面，该功能化的表面防污性能与 OEG 的表面覆盖率相关，如图 2.28 所示。无规共聚物聚（多巴胺-甲基丙烯酰胺-co-聚乙二醇-甲醚甲基丙烯酸甲酯）[p（DMAm-co-mPEG-MA）]修饰的表面可有效抑制大肠杆菌（$Escherichia\ coli$，$E.\ coli$）的黏附，有效控制间隙感染。

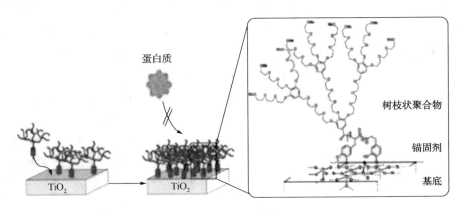

图 2.28　聚合物刷接枝到 TiO$_2$ 表面示意图

Chen 等人将两亲性聚合物修饰到基底上，利用 X 射线光电子能谱表征蛋白质的吸附量。双亲聚合物的任何一个重复单元(即一个疏水链段和一个亲水链段)都可以抵抗蛋白质的吸附。若仅存在疏水链段，蛋白质分子与聚合物表面通过疏水之间的作用力相互结合，由于尺寸的关系，蛋白质分子势必会与其表面的亲水部分相互作用，而亲水部分会阻碍疏水蛋白质分子的吸附，从而达到抗蛋白质吸附的效果，反之亦然，如图 2.29 所示。

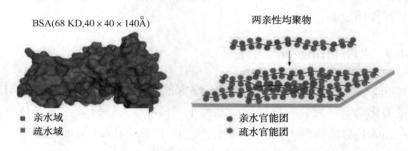

BSA(68 KD,40 × 40 × 140Å)　　　两亲性均聚物

■ 亲水域　　　　　　● 亲水官能团
■ 疏水域　　　　　　● 疏水官能团

图 2.29　BSA 的结构和两亲性聚合物结构示意图

2.4.3　"Grafting from"方法

"Grafting from"方法因其接枝密度高引起了研究人员的广泛兴趣。该技术首先通过物理或化学作用将引发剂固定在表面，然后通过表面引发聚合反应直接从引发剂表面聚合得到一定厚度的聚合物薄膜。制备聚合物刷常用的方法有：表面引发原子转移自由基聚合(SI-ATRP)法、开环易位聚合法(ROMP)、表面引发氮氧稳定自由基聚合(SI-NMP)和表面引发可逆加成-断裂转移(SI-RAFT)法等。

如图 2.30 所示，Jiang 课题组在含多巴胺结构的引发剂修饰后的金基底上成功地接枝了两性离子聚合物刷 pSBMA。聚合物刷 pSBMA 接枝的表面对纤维蛋白原、溶菌酶、10%血清和 100%血浆/血清复合体系具有超低蛋白黏附性能。将该聚合物接枝到玻璃片表面，还可有效抑制绿脓杆菌菌落的形成。

此外，还可通过 ROMP 的方法在基底上表面接枝聚合物刷。叶等人在含多巴胺结构的 ROMP 引发剂修饰的二氧化钛基底上接枝了厚度可控的聚离子液体刷，并且研究了聚合离子液体的抗菌防污性能(图 2.31)。研究结果表明，聚合离子液体修饰表面可有效防止小球藻的黏附，且无论在光照或黑暗条件下，聚合离子液体复合的材料对大肠杆菌和金黄色葡萄球菌均具有良好的抗菌活性。在实际应用中也可将多种方法结合起来，制备混合聚合物刷。Zhao 等人结合 SI-ATRP 和 SI-NMP 两种方法制备了聚甲基丙烯酸甲酯/聚苯乙烯二元均聚混合聚合物刷。

随后，又利用蒸汽沉积法将 ATRP 引发剂和 NMRP 引发剂先后固定到基底上，使得基底同时含有 ATRP 引发剂和 NMP 引发剂，进而逐步引发得到聚甲基丙烯酸甲酯/聚苯乙烯混合均聚合物刷。

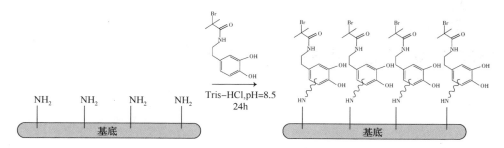

图 2.30　在基底上通过 ATRP 接枝两性离子聚合物刷

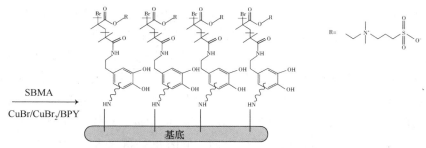

图 2.31　在 TiO₂基底上通过 ROMP 方法接枝聚离子液体聚合物刷

第 3 章

海洋防污剂种类及应用

在现代船舶和海洋设施防污方法中，尽管污损释放型防污涂料和无添加防污剂的防污涂料已被应用，但是基于掺杂防污剂的防污涂层技术仍然是抑制海洋污损生物附着的主要方法。相应的，使用含防污剂的防污涂层也是目前海运行业应用最广泛、最有效的方法。在过去的几十年中，各国研究者们也相继研制出了多种防污剂、有机树脂和涂层体系来满足目前海洋防污领域的市场需求。然而，随着人们环保意识的增强，从 2003 年 1 月 1 日开始，含三丁基锡或其他有机锡作为防污剂的防污涂料被禁止使用。开发高效、低毒或无毒、环境友好型的绿色环保型防污技术将是未来防污材料的发展方向，同时也是科研人员面临的巨大挑战。为解决这些问题，研究者做了许多方面的努力，例如从有毒防污剂到绿色防污剂的研制和应用，从传统的有机锡自抛光树脂到新型环保型水性树脂的研制，采用先进的包埋和封装技术对防污组分进行装载和从仿生学的角度研制具有特殊结构和化学组分的新型水下低黏附基底等。

3.1 重金属基防污剂

3.1.1 有机锡类

20 世纪 50 年代，Ven der Kerk 团队为有机锡化学的研究做出了重要贡献。尤其是三烃基锡及其衍生物，如三丁基锡(TBT)和三苯基锡(TPT)，具有很强的杀生性能。在 20 世纪 60 年代早期，有机锡化合物因其对海洋污损生物具有广谱、高效的作用，开始用于海洋防污涂层。

通过对丙烯酸三丁基锡酯聚合物在海洋环境中的降解研究发现，涂料表层与海水通过"水解"的化学作用，并且释放出防污剂三丁基锡离子（图 3.1 和图 3.2）。表层水解的聚丙烯酸树脂在海水冲刷下慢慢脱离，从而保持防污剂不断缓慢释放，同时保持涂层表面持续洁净和光滑，这类涂料被称为有机锡自抛光防污涂料（TBT self-polishing coatings，TBT-SPC）。这类防污涂料既能防止海洋污损生物在船舶和海洋设施表面的黏附，又能避免粗糙表面的形成，减小了航行阻力。而且防污性能优异、防污时间长（防污寿命长达 5 年）、具有广谱性等特点，此类涂料得到了大规模应用，据统计，全世界曾有超过 70% 的船只使用有机锡基自抛光防污涂料。

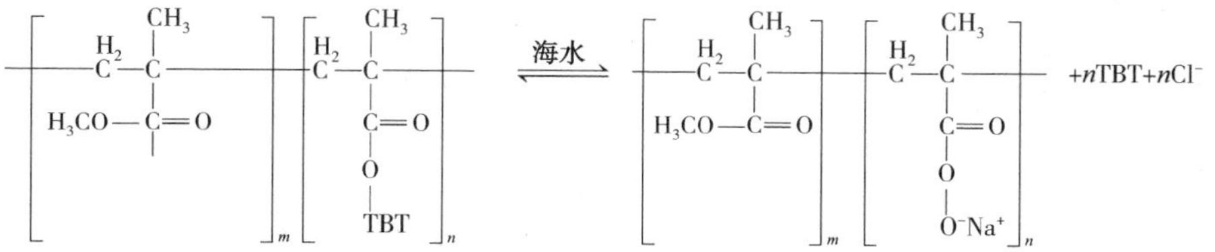

图 3.1　有机锡自抛光涂料的溶解机理

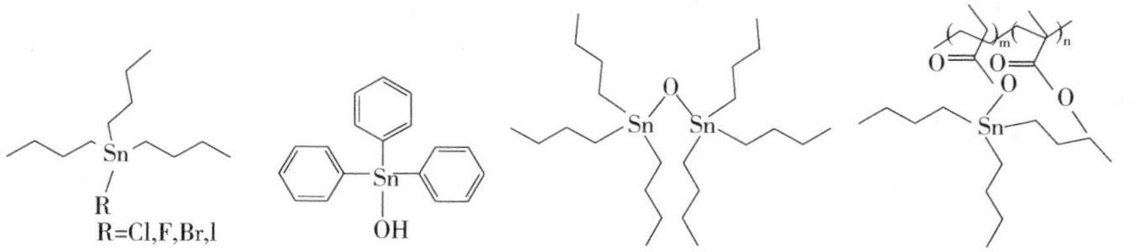

(a)三丁基锡(TPT)　(b)三苯基锡(TPT)　(c)三丁基氧化锡(TBO)　(d)甲基丙烯酸三丁基
的结构单元　　　　的结构单元　　　　的结构单元　　　　锡酯(TBTM)的结构单元

图 3.2　几种常见的有机锡化合物的结构

图 3.2 所示为几种典型有机锡化合物类防污剂。在室温下，有机锡化合物性能稳定，易于操作。大量研究表明，有机锡化合物在毒杀污损生物的同时，对海洋微生物的呼吸作用、新陈代谢、光合磷酸化作用和 ATP 合成等具有破坏或抑制作用，会抑制多种微生物的正常生长过程，甚至导致鱼类、牡蛎生殖逆向性变化。三丁基锡进入海洋环境中，可导致牡蛎（*C. gigas*）壳钙化和狗岩螺（*Nucella lapillus*）性畸变。三丁基锡还会对双壳类软体动物、海胆和多毛类动物产生细胞毒性和基因毒性效应，如造成应激蛋白和 DNA 损伤（表 3.1）。

　　毋庸置疑，有机锡防污涂层的广泛使用带来了巨大的经济效益，但是这种巨大的经济利益却是以牺牲环境为代价，人类必须为有机锡涂料造成的环境危害买单。1982 年，法国政府首先提出法案，长度小于 25m 的船只禁止使用有机锡防污涂层，英国、美国、澳大利亚、日本、新西兰等国家也相继制定和颁发停止使用此类涂料的法律条例。2001 年国际海事组织（IMO）通过停用和禁止船舶使用有机锡防污涂层的会议，并于 2008 年 1 月 1 日全面禁止使用三丁基锡防污涂层的船舶设施入海。值得庆幸的是，由于该法案的执行，有机锡自抛光涂料的使用得到控制，同时有机锡化合物在海水、沉积物和软体动物中的浓度明显下降。

表 3.1　有机锡化合物（TBT）对微生物的毒性影响

受影响的生命过程	生物（s）/细胞（s）	抑制浓度（IC）/μmol/L
呼吸	细菌	0.04～1.7
光合作用	蓝细菌	～1（IC50）
固氮作用	蓝藻（Anabaenacylindrical）	<1（IC50）
初级生产力	微藻	0.00055～0.0017
生长	微藻	0.00017～0.0084
能量相关反应	大肠杆菌（Escherichia coli）	0.15～50（IC50）
生长	短梗霉（Aureobasidium pullulans）	27（IC50）
生长/代谢	真菌	0.28～3.3
	细菌	0.33～0.16
光磷酸化	叶绿体	0.56～5

3.1.2　铜及其化合物

有机锡化合物作为防污剂被禁止使用之后，铜基防污涂料受到青睐。近年来，多种铜系化合物，例如金属铜、铜合金[砷铜合金、Cu-Ni-M（M＝Cr，Fe，Co，Ti，Zr，Nb，Ta，V，P，Ga，In，Ag）等]、氧化亚铜和有机铜（吡啶硫酮铜、异噻唑啉酮、吡啶硫酮锌等）等，广泛用作防污剂，其中起防污作用的是铜离子（Cu^{2+}）或亚铜离子（Cu^+）。Cu^{2+} 比 Cu^+ 稳定，是主要的防污剂形式。Cu^+ 会迅速氧化成 Cu^{2+}，或是被还原成 Cu，氧化成的 Cu^{2+} 又会与有机或无机配体作用形成铜配物，这个过程可以快速进行，其典型反应方程式如下：

$$\frac{1}{2}CuO(s)+H^++2Cl^-\longrightarrow 2CuCl_2^-+\frac{1}{2}H_2O$$

$$CuCl_2^-+Cl^-\longrightarrow CuCl_3^{2-}$$

在实际应用中，自抛光的丙烯酸铜树脂应用最为广泛，其防污寿命可达 3 年，在海水中的水解过程如下：

$$\text{丙烯酸铜树脂(不可溶)} \quad \xrightleftharpoons{\text{海水}} \quad \text{酸性树脂(可溶)} \quad +n\text{Cu-OCOR}+n\text{Cl}^-$$

铜离子的释放速度不稳定，导致涂层的防污寿命有限，为解决这一问题，科研人员采用了大量的方法，比如改变 Cu_2O 的形状、形态或粒径，改变防污涂层的内部成分等。Li 通过建立一个由 Cu_2O（核心）和铜基金属组成的防污单元来锁定铜离子-有机骨架（Cu-MOF）。通过酸质子刻蚀，Cu-MOF 在 Cu_2O 的周围原位密集生长。Cu-MOF 的壳层结构可以有效地提高内部 Cu_2O 的稳定性，从而实现铜离子的稳定缓慢释放。此外，在局部酸性微环境（pH≤5）下，在污损生物附着的地方，$Cu_2O@$ Cu-MOF 纳米胶囊可以通过快速和完全溶解 $Cu_2O@$ Cu-MOF 实现防污，其防污机理见图 3.3。利用铜-多功能有机壳层的水敏和酸敏特性，在自抛光防污涂料中已经实现 $Cu_2O@$ Cu-MOF 纳米胶囊中铜离子稳定、可控和高效释放，有利于延长自抛光防污涂层的使用寿命。

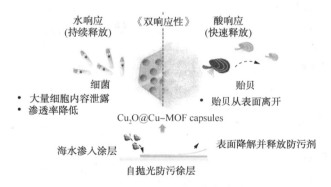

图 3.3　$Cu_2O@$ Cu-MOF 纳米缓释胶囊的防污机制

随着铜基防污涂层的广泛使用，在一些码头和停泊区，铜在生物体内的累积引起了广泛关注。铜可有效阻止海洋污损生物的黏附，如管状蠕虫、藤壶和大多数的藻类等。虽然铜元素是海洋生物体内不可或缺的元素，但生物体内铜含量过高时也会产生毒性。因此，随着人们环保意识的增强，研究人员对含铜的防污涂料进行重新审视，研究其是否会对环境产生不良影响。

3.1.3 锌

目前，已经批准使用的含锌的防污剂有吡啶硫酮锌、代森锌和福美锌。这些防污剂可杀死黏附在基底表面的海洋污损生物的孢子或幼虫。1998 年 Kansai 公司推出了含锌丙烯酸聚合物防污漆，并很快投放到市场上，该防污漆通过 Zn^{2+} 与海水中的 Na^+ 离子交换释放防污剂，达到防污的目的。由于吡啶硫酮锌具有最强的杀生作用和较短的半衰期(光照下 2~17min)，因此在日本被广泛用作无锡防污涂层的主要有机防污剂。但有研究表明，当吡啶硫酮锌的浓度仅为 0.5nmol/L 时就可影响海胆的幼虫生长，浓度为 0.9nmol/L 时，严重影响玻璃海鞘的初期生长。由此可见，吡啶硫酮锌也存在一定的毒性。于是，科研人员将锌与天然产物单宁酸结合起来，制备了比氧化亚铜毒性小的"单宁酸"锌涂料，防污有效期可达 6 个月。单宁酸的释放量与释放速率见图 3.4 和图 3.5。

Bellotti 等人制备了一种新的生物活性产品——水杨酸锌(ZnSal)，将其添加在丙烯酸树脂涂层中，考察了其防污性能。在实验中，通过卤虫幼虫试验评估 ZnSal 的生物活性。将 ZnSal 分别添加到两种可溶基体涂料中：松香/油酸和松香/苯乙烯-丙烯酸酯共聚物。在浸入自然环境之前，对涂层在人工海水中的浸出率进行了监测。最后，在阿根廷马德普拉塔港对实验涂料的防污效果进行了评估。经证明，含锌盐和松香/油酸黏合剂的涂层防污有效期长达 12 个月。

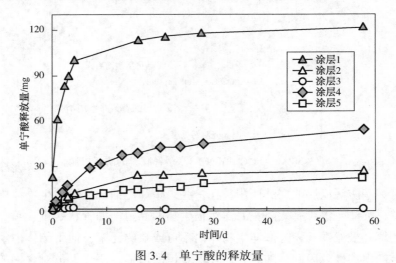

图 3.4 单宁酸的释放量

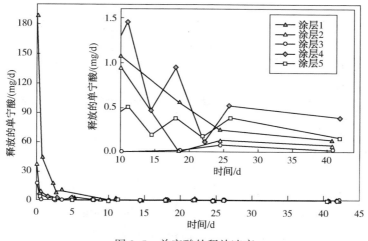

图 3.5　单宁酸的释放速率

3.2　有机杀虫剂

目前，由于三丁基锡类有机锡防污涂层的禁用，具有低释放速率和长释放周期的铜化合物和有机杀虫剂防污涂料在市场上占主导地位。铜系化合物对藤壶、管蠕虫、大多数藻类有防污效果，但是部分藻类（浒苔、褐藻和曲壳藻属等）对铜系化合物有生理耐性。为解决这一问题，人们将有机杀虫剂与铜系化合物结合制备了一系列的防污涂层，用以提高防污涂层的广谱性。

有机杀虫剂是指防污涂料中除铜化合物（如氧化亚铜、硫氰酸亚铜或金属铜）以外，用以增强抑制效果的一类主要针对分布广泛的耐铜海藻的化合物。这些化合物包含如下特征：广谱性；对哺乳动物毒性较低；海水中溶解度低；不易在食物链中发生生物积累；环境中可降解；与涂料中其他物质不反应；性价比较高。目前，世界上使用的有机杀虫剂有：Irgarol 1051（2-甲基硫代-4-丁胺基-6-环丙胺-S-三嗪）、敌草隆、百菌清、抑菌灵、Kathon 5287、TCMTB（苯噻氰）、TCMS Pyridine（2,3,5,6-四氯代-4-（甲基磺酰）吡啶）、福美双、吡啶硫酮锌、福美锌和代森锌等，结构式如图 3.6 所示。

敌草隆于 20 世纪 50 年代开始使用，是一种高效、广谱的脲类防污及除草剂，可在海水中长期存在，具有环境持久性，也能抑制植物光反应系统 Ⅱ。敌草隆可氧化分解成 DCPMU［1-（3,4-二氯苯基）-3-甲基脲］和 DCPU（3,4-二氯苯基

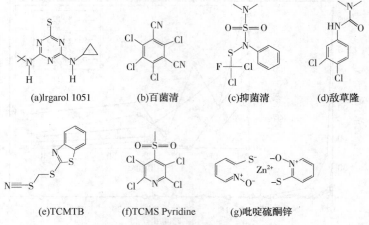

(a)Irgarol 1051　　(b)百菌清　　(c)抑菌清　　(d)敌草隆

(e)TCMTB　　(f)TCMS Pyridine　　(g)吡啶硫酮锌

图 3.6　几种常见的有机杀虫剂的结构

脲)，在沉积物中可厌氧分解成 1-(3-氯苯基)-3,3-二甲基脲。敌草隆和 Irgarol
1051 一样都比较稳定，与其他有机杀虫剂相比，具有较强的毒性。抑菌灵和百
菌清是一种保护性杀菌剂，其中百菌清主要作用于鱼类和水产无脊椎动物，对植
物作用不大。TCMTB、TCMS Pyridine、福美双、吡啶硫酮锌、福美锌和代森锌
等，也都是保护性杀菌剂，可作用于大多数生物(表 3.2)。

表 3.2　几种常见的有机杀虫剂重要参数性质

有机杀虫剂	水溶解度/(g·m³)	lg K_{ow}	半衰期	其他应用
Irgarol 1051	7	2.38	100d	除草剂
敌草隆	36.4	2.85	—	除草剂
百菌清	0.6	2.64	65h	杀真菌剂，涂料，黏合剂
抑菌灵	0.006	3.7	18h	杀真菌剂
苯并噻唑	0.00033	3.3	740h	杀真菌剂，木材防腐剂
(TCMTB)吡硫锌	77.96	2.13	<24h	杀细菌、真菌剂，洗发精
代森锌	10	≤1.3	96h	杀细菌、真菌剂，果树作物

Irgarol 1051 在目前使用的抗生物污损添加剂中，是全世界最容易被检测到的
防污剂，广泛应用在防污涂层中。Irgarol 1051 是一种三嗪类有机除草剂，还是强
效的光反应系统 II 的抑制剂，可有效抑制藻类的生长，常与氧化亚铜一起形成
复合防污剂。Irgarol 1051 在水中的溶解度为 7mg/L，但由于其分子量较小，易分
散在水环境中，半衰期一般在 24～200 天，因此 Irgarol 1051 易在生物体内累积。
虽然 Irgarol 1051 可以在光照条件下分解，但是分解产生的单体 M1(2-methylthio-

48

4-tertbutylamino-6-amino-s-triazine) 毒性比 Irgarol 1051 强 10 倍, 更加难以被生物或者非生物过程降解(图 3.7)。Irgarol 1051 环境浓度高的地方一般是船舶密集的沿海区域, 尤其是停靠船舶或流速缓慢的码头。综上所述, Irgarol 1051 的存在对环境中的生物具有较大的毒性, 严重威胁水生生态系统的健康。

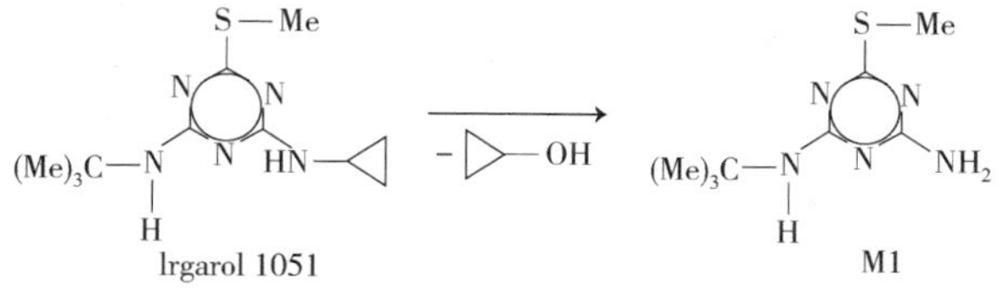

图 3.7　Irgarol 1051 降解过程

3.3　无机纳米粒子

纳米技术是一种利用原子尺度的材料抵御有害微生物侵蚀人类维持生命的有效手段。纳米颗粒是一类具有独特的量子尺寸效应、小尺寸效应、表面效应和宏观量子隧道效应的、至少在一个维度上尺度小于100nm的粒子。此类无机纳米粒子用作防污剂所得到的防污涂料, 具有安全性高、抗辐射、耐老化、剥离强度高和抗菌广谱性等优点。

目前, 无机纳米粒子的抗菌机理主要有以下几种解释: 一为金属离子溶出型的抗菌机理, 即在使用过程中抗菌剂缓慢释放出金属离子, 溶出的金属离子能破坏细菌的细胞膜和 DNA, 或者破坏腺嘌呤核苷三磷酸(ATP)的生成, 而达到抗菌的目的; 二是活性氧抗菌机理, 以二氧化钛、氧化锌为例, 在紫外线作用下, 抗菌剂和水或空气作用生成活性氧 O_2^- 和 OH·, 活性氧具有很强的氧化还原作用, 可与多种有机物发生反应, 杀死大多数细菌和病毒, 从而产生持久的抗菌效果(图 3.8), 三为破坏细胞膜, 引起细胞膜渗透性发生变化, 导致新陈代谢所需的物质流失, 从而使细胞死亡, 达到防污的目的。

纳米银、二氧化钛、氧化锌等纳米材料对假单胞菌、绿脓杆菌、大肠杆菌、金黄色葡萄球菌、沙门氏菌、曲霉菌等均具有较好的抑制作用。通过原位聚合方法制备的由纳米银和聚酰胺组成的新型纳米复合薄膜也可有效杀死假单胞杆菌。而且有研究表明, 银对人类健康无害, 极少出现银中毒的情况。王等人制备了 Fe^{3+} 和银掺杂的二氧化钛纳米粒子, 进而提高二氧化钛纳米粒子的抗菌性能, 然后将复合二氧化钛纳米粒子与氟碳涂料结合, 得到具有自清洁功能的抗菌涂层,

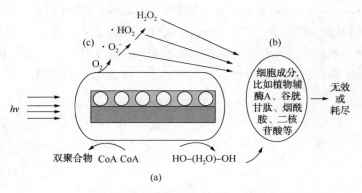

图 3.8　光激发 TiO₂ 微粒膜杀菌机理

(a)光生空穴的氧化机理；(b)活性氧类的生化反应机理；(c)活性氧类的生成机理

见图 3.9。纳米氧化锌具有独特的光催化作用及吸收和反射紫外线、红外线的能力，因此作为一种高效杀菌剂备受青睐。由纳米氧化锌作为防污剂制备的海洋防污涂料，不仅可以屏蔽紫外线，还可以杀死多种微生物，从而提高航行速度并延长检修期限。Nanophase Technologies 公司在纳米涂料研究中处于各公司前列，该公司产量最大的是纳米 ZnO 晶种，用其制备的涂料具有透明性好、隔绝紫外和红外的功能。用于军舰上的金属部件的涂装，其耐磨性可以成倍增加，寿命也得到延长。

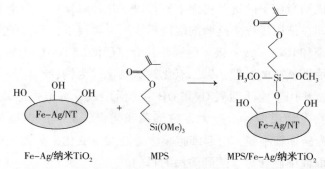

图 3.9　MPS(3-(甲基丙烯酰氧)丙基三甲氧基硅烷)修饰的 Fe-Ag/NT(纳米 TiO₂)

目前，多种基于无机纳米材料防污剂的防污涂层被开发出来，并且已有部分用于商业化，比如杜邦 Micro Free® Brand AMP 抗菌剂、载银玻璃抗菌剂 WA291、无机抗菌剂 NR、Zeomic 抗菌剂等。纳米复合材料可以降低涂料的表面能，达到疏水的效果，减少灰尘、污物、微生物等黏附，保持表面洁净。因此，将无毒的无机纳米材料作为防污剂制备的环保型防污涂层具有广阔的市场应用前景。

3.4　聚合物刷类防污剂

3.4.1　聚乙二醇

聚乙二醇(Polyethylene Glycol，PEG)及寡聚乙二醇(OEG)是一种无毒、中性的水溶性高分子化合物，因具有良好的亲水性、无免疫原性、无抗原性、良好的生物相容性、与多种溶剂混溶等优良性质而被广泛用作防污材料。虽然聚乙二醇防污机理不是很明确，但人们普遍认为这是由高度水化的 PEG 链的空间位阻、渗透排斥力、排除体积和链柔顺性引起的。PEG 高亲水性层中的水分子在阻止蛋白质的非选择性吸附和减少细菌、微生物的黏附中起主导作用(图 3.10)。

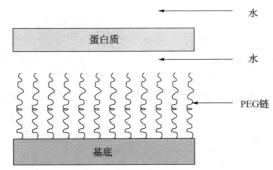

图 3.10　PEG 抗蛋白吸附的空间位阻效应示意图

生物膜形成的第一阶段是基底表面上蛋白质、糖蛋白、蛋白多糖等大分子黏附，然后是可逆的细菌黏附。黏附到表面的细菌吸附和产生孢外多糖类物质，然后微生物细胞永久性吸附使生长的细胞菌落化，产生黏液膜聚集，并吸引更多的其他微生物黏附到表面。因此，通常认为阻止第一阶段蛋白质吸附就可以阻止细菌细胞的黏附，进而达到防污的目的。

海洋防污涂料的技术挑战之一是为了开发能够抵抗所有类型的海洋污损生物的强黏附力的涂层，科研人员将具有优异防污性能的 PEG(聚乙二醇)引入含氟涂层中，PEG 具有较好的水化作用，可有效阻止污损生物在表面的黏附，因此，即使该类复合涂层表面有较高的表面能，该类涂层仍然可以有效阻止海洋污损生物的黏附和实现污损生物脱附。目前，已有多种方法用于表面接枝 PEG，比如表面自组装、将 PEG 单体接枝聚合到聚合物主链上、将 PEG 嵌段共聚物吸附到表面和表面引发聚合等方法。PEG 或聚环氧乙烷(PEO)，及其衍生物由于其均可高度水化、无毒、生物相容性好等特点，可有效抑制蛋白质和细菌的黏附，而多被用作防污材料。聚多巴胺（PDA）（作为生物黏附剂）和接枝聚乙二醇（PEG）（作为防污剂）组合的水基涂料可减少多种材料表面的生物污染。然而，可实现的 PEG 接枝密度和防污性能有限，使得暴露的 PDA 为蛋白质和细胞的附着提供了机会。Goh 分别将多巴胺在聚碳酸酯膜（PC）、聚二甲基硅氧烷（PDMS）和钠钙玻璃三种基材上的聚合，继续制备了 PDA、PDA-PEG、PDA-BSA、BSA 回填的 PDA-PEG 表面、PEG 回填的 PDA-BSA 表面。以研究 PDA 涂层在多种材料上的应用效果。在多个样品中，PDA 的厚度和粗糙度存在显著差异。PDA 在 PC 表面的厚度为 6.3nm±0.1nm，AFM 测得的粗糙度为 16.5nm±4.4nm；在 PDMA 表面厚度 27nm±5nm，AFM 测得的粗糙度 7nm；在玻璃表面的厚度为 11nm±3nm，AFM 测得的粗糙度为 36.8nm±1.4nm。还观察到不同表面上，PDA 形成的颗粒大小不同，见图 3.11。

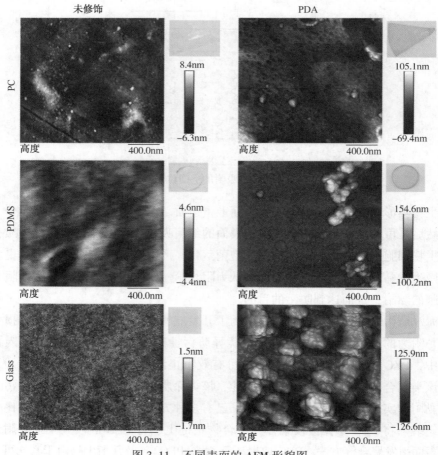

图 3.11　不同表面的 AFM 形貌图

PDA 表面粗糙度不同，导致了表面 PEG 的接枝情况不同，在中等粗糙度的 PC-PDA(形成的 PDA 颗粒最小)表面上实现了最高的 PEG 覆盖率，在更光滑的 PDMS-PDA 表面上 PEG 接枝密度较低。纤维蛋白原吸附实验表明，与 PDA-PEG 相比，PDA-BSA 表面上的蛋白吸附明显减少(图 3.12)。但与空白基底相对比，修饰后的基底表面粗糙度发生变化，蛋白吸附量的降低趋势不是很大。所以，PDA 在防污表面的创建方面成为一把"双刃剑"。它具有黏附多种基质的能力(尽管沉积层的性质不同)，并且很容易用蛋白质和其他生物分子进行进一步修饰实现。然而，任何接触介质中的蛋白质都很容易吸附到未覆盖的 PDA 上。但是，用 BSA 回填 PDA-PEG 可以减少暴露的 PDA，帮助消除 PEG 接枝对三种材料的影响。尽管 PDA 方法存在这些缺点，但它仍然可以作为一种"通用"或不依赖于基质的方法来赋予防污性能。

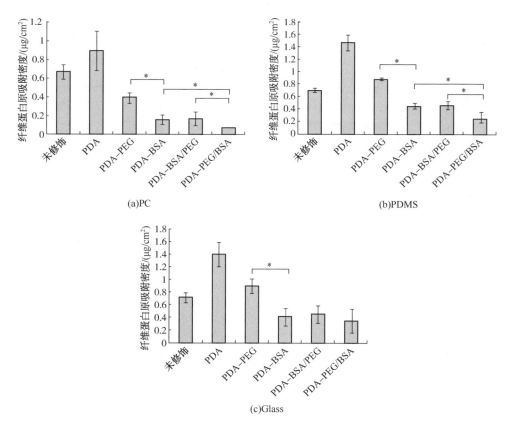

图 3.12　未改性和改性表面上的纤维蛋白原吸附情况

单一组分的 PEG 防污效果不是很好，可以与其他防污剂相结合，提高表面的防污能力。Cheng 等人研究了两性离子聚甲基丙烯酸磺基甜菜碱（pSBMA）涂层表面在防止表皮葡萄球菌和铜绿假单胞菌（*P. aeruginosa*）黏附和生物膜形成方面的活性。通过原子转移自由基聚合将长链 pSBMA 和聚乙二醇甲醚甲基丙烯酸酯（pEGMA）接枝到金表面，短链 PEG 和两性离子 $SO_3^-/N^+(CH_3)_3$ 链自组装到 Au 表面。结果表明，与玻璃相比，基于短链的 SAM 能够在短期（3h）内减少细菌黏附，而长链 pSBMA 和 pEGMA 可以在较长时间内阻止两种微生物（24h 和 48h）形成生物膜。后来，同一研究小组报告了两性离子聚（甲基丙烯酸羧甜菜碱）（PCBMA）涂层功能化表面在 240h 内有效减少（95%）了铜绿假单胞菌形成的生物膜，而在 192h 内有效抑制了恶臭假单胞菌（*Pseudomonas putida*）生物膜的形成。Horbett 等人通过表面等离子体共振研究了四乙二醇二甲醚涂层的抗人体血浆性能，当基底上沉积的四乙二醇二甲醚厚度为 100nm 时就可有效阻止蛋白质吸附，见图 3.13。即使自组装涂层中只有少部分的乙二醇分支单元，该涂层也可有效阻止多种蛋白质的吸附。与疏水的聚二甲氧基硅氧烷（PDMS）相比，以甲氧基聚乙二醇为侧链的聚苯乙烯嵌段共聚物更能有效阻止舟形藻的黏附。Tosatti 等人通过表面等离子体共振（SPR）发现，由三嵌段共聚物 PEG-PPS-PEG 修饰的金片对人体血清中的蛋白都有很好的抗黏附性能。Hucknall 等人通过表面原子转移自由基聚合在金基底上接枝了聚合物刷 POEGMA，实验结果表明，PEG 分子量为 2000 时，该表面使蛋白质的吸附量达到最低，表面接枝 POEGMA 的过程见图 3.14。陈等用一端含有疏水性的苄氧基、另一端含亲水性的羟基官能团的 BPEG，对聚氨酯进行改性，并以含不同链长的 PEG 或 MPEG 为填料，研究了 PEG 接枝密度和构型对蛋白质吸附的影响，研究高的接枝密度和长链 PEG 跟加有利于阻止蛋白的黏附。

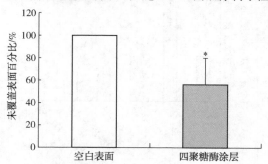

图 3.13　在导管模型中研究表面的血栓积聚

结果表示为未涂覆对照样的百分比。涂有四甘醇二甲醚的样品显示在统计学上

血栓积聚显著减少（$N=5$，＊$p<0.05$，Student's t 检验）。

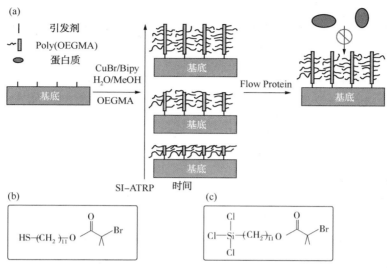

图 3.14 （a）表面原子转移自由基聚合方法制备抗蛋白聚合物刷 POEGMA，
（b）巯基封端的引发剂和（c）硅烷封端的引发剂的分子结构

Kousar 通过 ATRP 的方法合成了一种同时含有 PEG 和含磷酸盐单体的共聚物的样品，简称为聚（PEGMA-co-MEP），用作不锈钢基材的防污涂层。通过将不锈钢基材浸入聚合物的稀水溶液中几分钟，可以很容易地沉积出高韧性的薄膜，涂层与基底表面结合力较好。通过石英晶体微天平和耗散实验，发现薄膜只有一层聚合物厚度。在聚（PEGMA-co-MEP）涂层表面进行了多种蛋白质和脱脂牛奶测试，结果表明，涂层表面几乎没有蛋白质黏附，同时，涂层对大肠杆菌和蜡样芽孢杆菌（*Bacillus cereus*）的细菌黏附也具有强烈的抑制作用（图 3.15）。

Zhang 通过表面引发原子转移自由基聚合（SI-ATRP）方法在聚氨酯（PU）上构建了细菌引发的具有防污-杀菌转换特性的自适应抗菌表面，见图 3.16。以聚 2-（二甲基癸基铵）甲基丙烯酸乙酯（PQDMAEMA）刷作为杀菌底层，聚合物涂层 PEG 作为防污上层，在 PU 表面上构建了一种层次结构（PU-PQ-PEG）。这两层与可以被细菌的代谢破坏的希夫碱结构相结合。在正常和轻度感染条件下，PU-PQ-PEG 对蛋白质和细菌具有良好的防污和生物相容性。当 PU-PQ-PEG 表面发生严重感染且细菌定植时，即在 LB 培养基中培养 24h，细菌的代谢趋于旺盛时，细菌可以将样品表面周围的微环境改变为弱酸性，并破坏希夫碱结构。在这种情况下，由于腙键断裂，PU-PQ-PEG 的 PEG 可能会离开表面，PQDMAEMA 暴露出来，从而将防污表面改变为杀菌性表面。因此，杀菌层（PQDMAEMA）可以接触并

55

杀死细菌,杀菌效率为82%(图3.17)。同时研究了 PU-PQ-PEG 表面的长期稳定性,在 PBS 中浸泡两周的 PU-PQ-PEG 样品与细菌悬浮液一起培养24h,杀菌效率为92%。

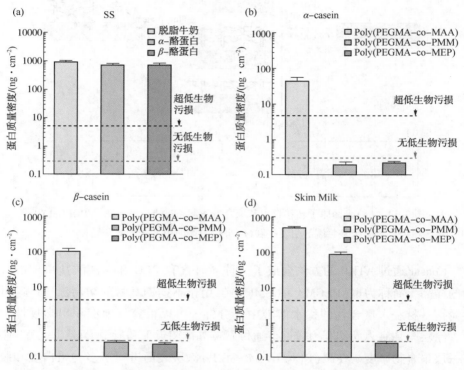

图 3.15 使用 Sauerbrey 方程式计算的蛋白质在不同样品表面的"Sauerbrey"质量

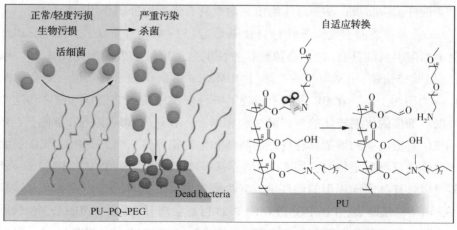

图 3.16 PU-PQ-PEG 自适应防污-杀菌切换特性示意图

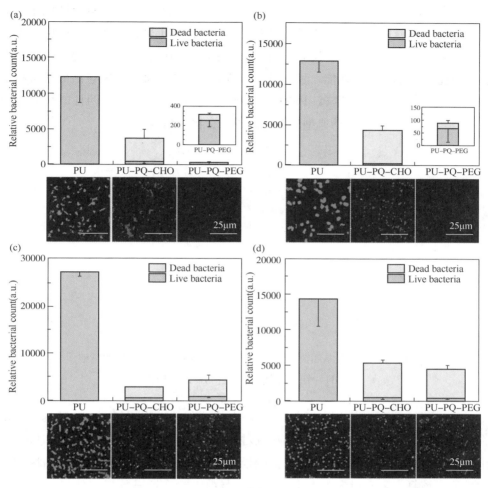

图 3.17 不同时间条件下，金黄色葡萄球均在不同样品上的 CLSM 图像和统计数据

3.4.2 两性离子化合物

两性离子化合物是一类同时带有阴、阳离子基团的化合物，能够高度水化从而具有优异的防污性能，即能够阻止非特异性蛋白质的吸附、细菌和微生物黏附等，此外，两性离子化合物还具有优良的热稳定性、化学稳定性、生物相容性和抗凝血等特点，这种特性使得此类材料在生物医学、石油工业和水处理等相关领域得到越来越多的应用。

在过去的几十年人们一直致力于将 PEG 及其衍生物用作抗非特异性蛋白和

抗菌吸附的材料，但 PEG 及其衍生物稳定性较差，易在生物环境中被氧化，限制了其长期的使用。因此，人们把目光聚焦到两性离子聚合物上，将两性离子聚合物接枝到生物材料表面，实验证明两性离子聚合物可有效提高材料的生物相容性、抗蛋白吸附和抗菌性能。目前研究较多的两性离子聚合物刷包括聚羧基甜菜碱（PCBMA）、聚磺酸甜菜碱（PSBMA）、聚磷酰胆碱（PMPC）和两性电荷混合型聚合物等。图 3.18 为几种典型的两性离子聚合物的结构式。

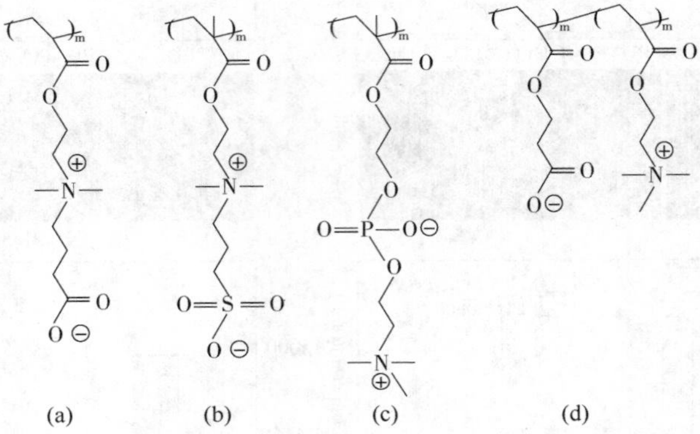

图 3.18　(a)羧基甜菜碱型、(b)磺基甜菜碱型、(c)磷酰胆碱型、
(d)两性电荷混合型聚合物刷的结构式

　　磷酰胆碱是细胞膜的组成成分之一，具有良好的生物相容性，多种具有防污性能的磷酰胆碱类两性离子聚合物已被报道。Kim 等通过自由基聚合方法将 2-甲基丙烯酰氧乙基磷酰胆碱（MPC）接枝到硅片表面，模拟了细胞膜的结构和生物性能，该复合表面稳定表现出良好的抗蛋白吸附和抗异物反应性能。图 3.19 为成纤维细胞黏附在图案化 PMPC 刷［聚(2-甲基丙烯酰氧基乙基磷酸胆碱)］表面上的荧光显微照片，Iwata 等研究了不同厚度的聚合物刷 PMPC 的抗血清蛋白和纤维原细胞性能，当接枝密度为 0.17chains·nm^{-2} 且聚合物厚度大于 5.5nm 时，该表面表现出优异的抗蛋白和细胞黏附性能。Zhu 等制备了不同链长和接枝密度的 PMPC 修饰的硅片，结果表明，PMPC 的防污效果受接枝密度影响较大，而且随着接枝密度或聚合物链长的增加，纤维蛋白原在表面的黏附明显减少。由于 MPC 水化程度较其他两性聚合物差，并且制备方法复杂，限制了其在防污领域的应用。因此，其他两性聚合物比如聚羧基甜菜碱、聚磺酸甜菜碱，由于其制备简单并且具有良好的生物相容性等特点，具有较大的潜在应用价值。

58

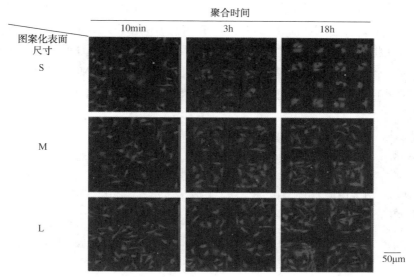

图 3.19　孵育 20h 后，成纤维细胞黏附在图案化 PMPC 刷表面上的荧光显微照片

[成纤维细胞] = 5.0×10⁴ 细胞/mL

通过聚合物分子的结构设计，Jiang 课题组制备了由叔胺和羧酸组成的羧基甜菜碱类两性离子单体，可以通过改变 pH 使其在阳离子、两性离子和阴离子三种状态之间转换。其在生理 pH 条件下为两性离子状态，具有抗非特异性蛋白质吸附性能。Kirk 等将两性离子单体 CBMA 与多巴胺（DOPA）共聚，得到多巴胺封端的聚合物 DpC（DOPA-pCBMA），将 DpC 接枝到硅微环谐振生物传感器上，显著提高了传感器的抗蛋白吸附性能和传感器的酶联免疫吸附灵敏度。Kuzmyn 采用表面引发的光诱导电子转移可逆加成，断裂链转移聚合方法将低聚（乙二醇）甲基丙烯酸酯（MeOEGMA）、N-（2-羟丙基）甲基丙烯酰胺（HPMA）和 CBMA 分别接枝到 Si 基底表面。该方法的优势是基于聚合的光触发性质允许创建复杂的三维结构。抗蛋白吸附实验表明，当暴露于单一蛋白质溶液和复杂的生物基质（如稀释的牛血清）时，聚合物刷表现出优异的防污性能。Cheng 等通过原子转移自由基聚合反应，将长链两性离子聚合物 pSBMA 接枝到金基底上，进行了革兰氏阳性葡萄球菌和革兰氏阴性绿脓杆菌的短期黏附（3h）和长期积累（24h 或 48h）实验，并与未修饰的玻璃片上细菌的黏附情况对比，如图 3.20 所示。在短期黏附实验中，pSBMA 能够分别减少 92% 葡萄球菌和 96% 绿脓杆菌的黏附；24h 或 48h 的生物膜形成过程中，pSBMA 虽不能完全抑制两种细菌生物膜的形成，但与玻璃片表面相比所形成的生物膜要相对减少很多，可以认为两性官能团能够抑制生

物膜的形成。Zhang 等人通过 ATRP 方法将 SBMA 修饰到多壁碳纳米管（MWCNT）表面，得到了聚合物刷功能化的多壁碳纳米管（MWCNT/PSBMA），然后通过真空过滤的方法将该防污涂层涂覆在多孔聚酮薄膜上，在动态压力延迟渗透实验中将蛋白质和大肠杆菌作为污损物考察对象。研究表明，MWCNT/PSBMA 功能化的涂层几乎没有荧光，具有出色的抗蛋白吸附和抗细菌黏附性能。

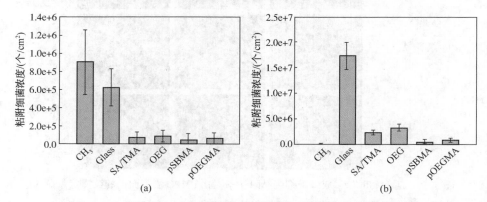

图 3.20　不同基底上（a）表皮葡萄球菌和（b）绿脓杆菌的黏附密度

　　Lange 等为了提高表面（生物）传感器的灵敏度和选择性，减少生物分子非特异性结合产生的背景信号，即所谓的生物污染，设计了一种新型的基于磺基甜菜碱的带有可点击的叠氮官能团的两性离子单体，并以聚合物刷的形式接枝到基底上，该功能化表面的制备过程见图 3.21，其中采用的单体 5 结构式见图 3.22。随后，通过炔叠氮化物点击反应对叠氮刷子进行功能化，产生完全两性离子画的 3D 功能化涂层。与传统的磺基甜菜碱聚合物刷链端改性相比，即使叠氮化物含量降低到 1%，仍具有优良的防污性能，传感器的信噪比也显著提高。因此，这为在任何表面上大大提高性能的生物传感器的开发提供了一种可行的方法。

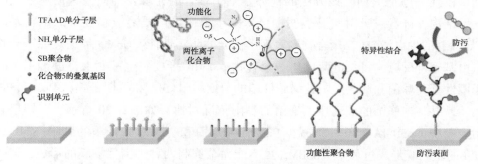

图 3.21　可点击单体 5 与标准 SB 单体共聚得到的功能性防污聚合物刷示意图

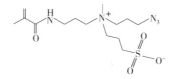

图 3.22 可单击单体 5 的结构式

Choi 在丙烯酸树脂可拆卸式正畸固定器中引入了两性离子化合物甲基丙烯酰乙基磷胆碱（MPC），对制备的模型进行了接触角、分子动力学模拟、拉曼光谱等测试，也进行了抗菌实验。研究表明，接枝聚合物刷之后，模型表面的粗糙度下降，细菌与基底的接触面积降低，模型表面防污性能提高。而且模型的防污性能与 MPC 的水化能力呈正相关，聚合物刷厚度越厚，模型的防污性能越好，见图 3.23。

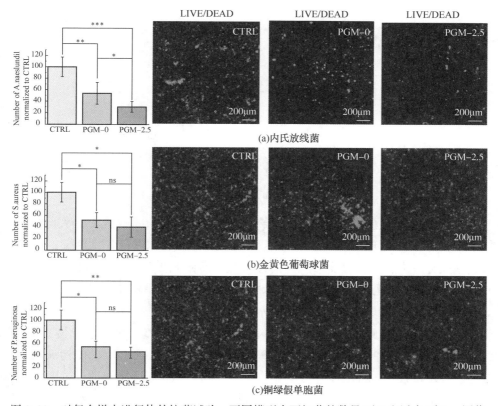

图 3.23 对每个样本进行体外抗菌试验，不同模型表面细菌的数量（左）和活力（右），图像

61

3.4.3 离子液体

近年来，由于离子液体熔点低、具有良好的离子导电性、稳定的电导率、高温稳定性、较好的机械性能和生物相容性等性质，它在聚合物化学和材料科学等领域受到了越来越多的关注。离子液体是由有机阳离子和无机或有机阴离子构成的，常见的有咪唑型、吡啶型、季铵盐型离子液体等。在近年来的研究中，科研人员发现离子液体对革兰氏阴性菌和革兰氏阳性菌、真菌和藻类具有一定的杀生活性，结构如图 3.24 所示。

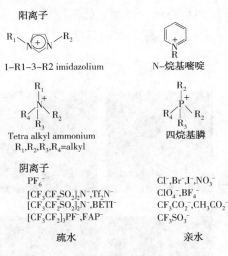

图 3.24　几种常见的离子液体的结构

以季铵盐型离子液体为例，该离子液体可与微生物的细胞壁发生亲脂性交互作用。季铵盐型离子液体渗透性较好，可通过细胞壁扩散并破坏细胞壁，造成钾和其他成分流失，从而改变细胞壁的渗透性，使细胞破裂，以达到防污的目的。Majumdar 等人制备了含季铵盐的 PDMS 防污涂层，随着季铵盐含量的增加，防污效果增强，该涂层可减少 80% *Cellulophaga lytica* 黏附和减少 90% 舟形藻生物膜的生长，见图 3.25。此外，Bellotti 等人用季铵盐（十六烷基三甲基溴化铵）和单宁酸制备了两种衍生物，并以松香和油酸为黏合剂制备了一种新型的防污涂层，在马德普拉塔港（38°08′17′S-57°31′18′W）对防污涂层的防污性能进行了评估，涂层的防污有效期可达 10 个月。Li 研究团队将季铵盐分别固定在银和二氧化硅纳米粒子表面，然后加入 PAH 和 PAA 中，通过层层自组装制备了双功能抗菌涂层。季铵盐是一种接触型杀菌剂，修饰有季铵盐的二氧化硅纳米粒子 PAH 在涂层表面，因此 PAH 涂层具有抗菌性能。Ye 等制备了咪唑型聚离子液体(NM-MIm-PF$_6$)聚合物刷功能化的表面，通过防污性能测试发现，该表面对小球藻和大肠杆菌、金黄色葡萄糖球菌具有抑制作用，抗菌效果和抗小球藻黏附效果见图 3.26～图 3.28。

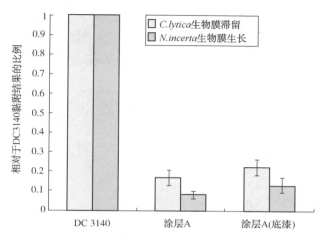

图 3.25　含有 29%(质量分数)QAS 的湿固化 PDMS 涂层的
C. lytica 和 *N. incerta* 黏附测定结果(涂层 A)

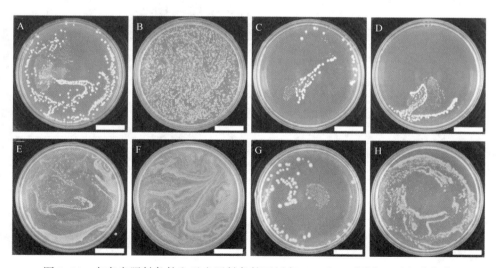

图 3.26　在有光照射条件和无光照射条件下孵育 24h 后，不同表面对金黄色葡萄球菌的抑制作用(比例尺为 20mm)

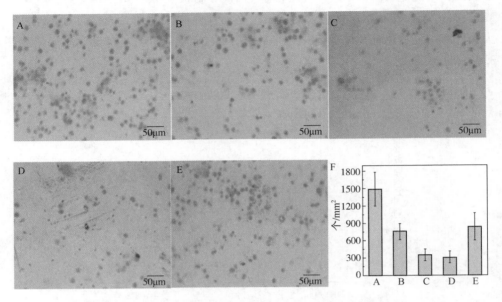

图 3.27　小球藻在不同表面黏附的光学显微照片和黏附密度

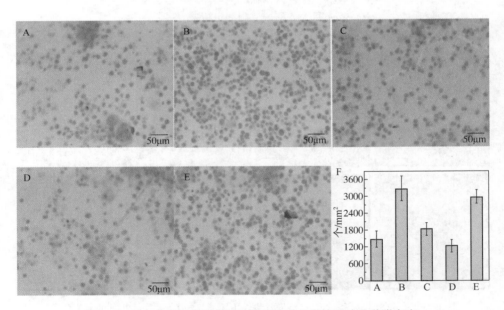

图 3.28　小球藻在不同表面黏附的光学显微镜照片及黏附密度

64

在 Ye 工作的基础上，为进一步提高表界面的防污性能，Zhao 等在单组分聚合物刷的基础上，将光诱导点击化学反应和表面引发开环易位聚合（SI-ROMP）方法相结合，制备了基于离子液的不同电化学性质的二元组分表面。将具有防污性能的不同电化学性质的化合物相结合，实现了协同防污作用，进而提高了聚合物刷功能化表面的防污性能。研究中涉及的化学成分结构式及表面修饰方法见图 3.29 和图 3.30。因进行表面功能化时采用的是具有多巴胺结构的引发剂，二元组分可以接枝在钛片、纳米线等不同表面。图 3.31 为不同组分在钛片表面的 AFM 形貌图，从图中可以看出，与空白表面的粗糙度相比，单组分修饰的表面粗糙度下降，修饰第二组分离子液之后，表面粗糙度上升。

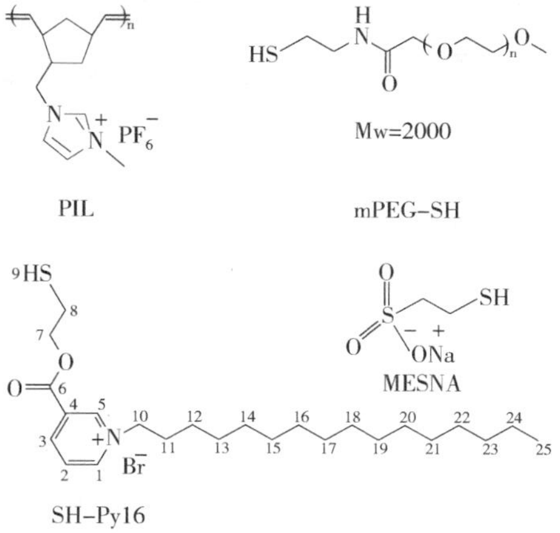

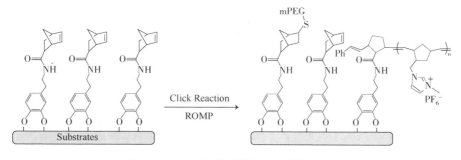

图 3.29　分子结构示意图

图 3.30　二元组分功能化表面制备过程

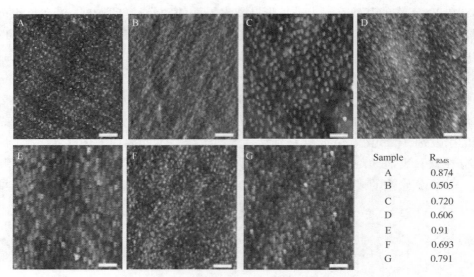

Sample	R_{RMS}
A	0.874
B	0.505
C	0.720
D	0.606
E	0.91
F	0.693
G	0.791

图 3.31　不同表面的 AFM 形貌图及粗糙度

经过藻类黏附实验，由于 mPEG-SH 中 PEG 链的水化作用，舟形藻和杜氏藻在 mPEG-SH 修饰的表面黏附密度较小，见图 3.32。MESNA 修饰的钛片表面藻类的黏附密度与空白钛片相比，分别仅减少了 13.3% 和 8.6%，可能是由于表面的阴离子与微藻中带正电荷的赖氨酸的静电相互作用导致的。但是，MESNA 和 PIL 共同修饰的表面上藻类的黏附密度与单组分修饰的表面相比，下降趋势不明显，防污性能没有得到提高，这可能是由于电负性的磺酸官能团影响了格氏二代催化剂的活性，导致表面上接枝的聚离子液较少。SH-Py16 修饰的钛片的防污效果比 MESNA 修饰的钛片要好，与空白钛片相比，藻类黏附密度分别减少了

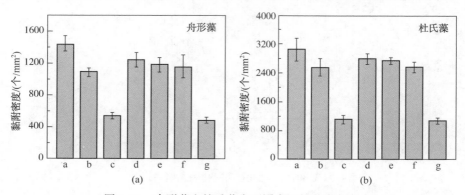

图 3.32　舟形藻和杜氏藻在不同表面的黏附密度

19.4%和15.2%。当在表面接枝了聚离子液之后，舟形藻和杜氏藻在各个表面的黏附密度均有所下降。这是由于含咪唑官能团的离子液体渗透性较好，可通过细胞壁扩散并破坏细胞壁，造成钾和其他成分流失，从而改变细胞壁的渗透性，使细胞破裂，以达到防污的目的。表面修饰了聚离子液之后，表面的防污性能得到了提高，由此可见，二元组分修饰的表面可通过协同作用来提高防污性能。

Li 等受自然界中显微损伤诱导自修复过程的启发，将磺化超支化的聚丙三醇、季铵化的聚乙烯亚胺按顺序固定在聚多巴胺预处理的聚醚砜薄膜表面获得了可加热聚离子液体涂层，该涂层可有效降低蛋白质和细菌的黏附，如图 3.33 所示。Wylie 在多孔聚氯乙烯（PVC）基材中注入了磷离子液体，离子液在表面形成光滑的超亲水表面。该表面能够有效减少金黄色葡萄球菌和铜绿假单胞菌的黏附。此外，该课题组还考察了具有不同烷基链长（$C_4 \sim C_{18}$）的不对称季烷基离子液体和反阴离子，离子液体可有效作用于革兰氏阳性和革兰氏阴性细菌，而且随着烷基链的增长，防污效果越好。离子液还可替代传统氟化润滑剂。武浩等将咪唑离子液体和氧化石墨烯相结合，制备了具有防腐性能的离子液体-氧化石墨烯杂化纳米材料，可有效改善环氧基水性涂料的防腐性能。

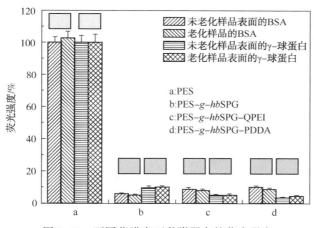

图 3.33　不同薄膜表面黏附蛋白的荧光强度

3.5　天然产物防污剂

天然产物防污剂是利用生物技术从多种陆地植物和海洋动植物、微生物中提取的天然的可有效防止海洋生物污损的物质，是生物自身产生的具有防污活性的次级代谢产物。该类防污剂能够迅速降解，不危害环境，有利于保持生态平衡，有望替代对环境有害的防污剂。对这一领域的开发与研究将会产生巨大的环境效益和经济效益。

3.5.1　陆地植物天然产物防污剂

目前，与海洋生物中天然防污活性物质的研究相比，从陆地生物中提取防污活性物质的研究比较少。辣椒素为目前研究得较多的陆地天然产物防污活性物质。辣椒素类化合物又称辣椒碱，是从胡椒、辣椒、生姜或洋葱等辛辣性植物中提取的一种辛辣的香草酰胺生物碱，因其无毒、环保而备受关注。以辣椒素为天然防污剂制成的低表面能无毒防污涂料，可以有效阻止抗细菌和海生物的附着，具有显著的防污效果。2012 年，Peng 等人合成了十种辣椒素类似物，其中四种辛辣程度较高的辣椒素具有较好的防污效果，其结构如图 3.34 所示。在不添加其他防污剂的条件下，仅在涂层中加入 0.1%辣椒素或二氢辣椒素，便表现出非常好的防污性能。这也为发展新型、环保型、无氧化亚铜的防污涂层提供了新思路。

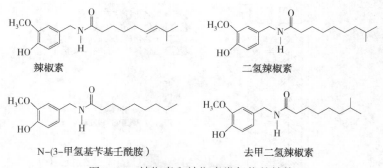

图 3.34　辣椒素和辣椒素类似物的结构

除辣椒素外，还有从栗子、桉树、橡树中提取出的苯甲酸钠和丹宁酸，苯甲酸钠和丹宁酸对甲壳虫的幼虫、斑马贻贝有麻醉作用，随着这些化合物浓度的增加，麻醉作用加快，但只要将其置于新鲜海水中，它们又会苏醒过来。Etoh 等从生姜中提取出了 3 种异构物 6，8，10-姜烯酚，并与三丁基氟化锡（TBTF）的防污性能作对比，在海洋挂板实验中均具有一定的防污性能，同时 8-姜烯酚的防污性能优于 TBTF。这些从植物中提取的天然产物防污剂主要通过改变细胞表面特征、干扰污损生物神经传导和驱避等方式达到防污的目的，并且不会破坏生态环境，绿色环保无污染。

狼毒是一种多年生有毒植物，主要分布在我国北部和西南部的天然草原，牲畜根本不接近它。天然草场上狼毒越多，草场植被的载畜率就越低。事实上，天然草场上狼毒的广泛分布在某种意义上说是草场退化的一种表现。目前，瑞香狼毒(*Stellera chamaejasme*，SC)的提取物主要用作中药，现代医学和中医学研究均发现其具有抗肿瘤、抗菌和杀虫作用，其主要成分结构式见图 3.35。因此，为进一步扩展瑞香狼毒的应用，Zhao 和 Liu 从环境保护的角度出发，将天然防污剂 SC 封装在聚多巴胺微胶囊(PDA)中，获得了 SC@PDA 微胶囊，并将其添加在丙烯酸树脂涂层中，实现了防污剂 SC 的可控释放，如图 3.36 和图 3.37 所示。微胶囊中 SC 的担载量达 75.4%。研究表明，含有 SC 的防污涂层可有效阻止牛血清白蛋白(BSA)、舟形藻(*Navicula* sp.)和红藻紫球藻(*Porphyridium* sp.)的黏附。通过实验得知，SC 紫外吸收峰位置为 300nm。图 3.37(a)为 SC 的紫外吸收标准曲线，吸光度 A 与 c_{SC}(mg/mL)的关系为 $A = -0.01179 + 18.80196c_{SC}$。将该微胶囊置于纤维素透析袋中，分别放入 pH 为 7.0 和 8.3 的 200mL EtOH/H$_2$O 溶液中考察微胶囊的缓蚀行为，微胶囊达到释放平衡的时间分别为 12h 和 24h。当 pH = 7.0，约有 20.1%(以百分比计算，释放的 SC 除以 SC 的总负载量，w/w)的 SC 释放到介质中。当 pH = 8.3，释放时间为 96h 时，SC@SiO$_2$@PDA 的累积释放量

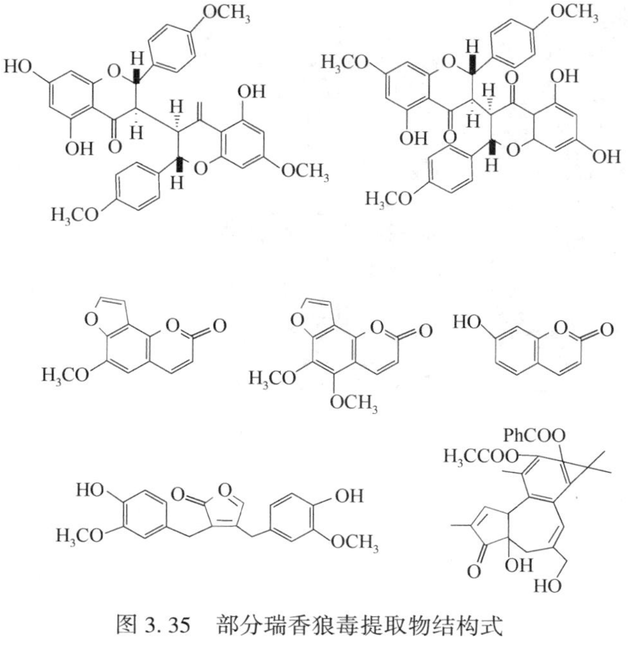

图 3.35　部分瑞香狼毒提取物结构式

69

达到 52%。这可能是由于聚多巴胺在弱碱性条件下的去质子化作用。在高 pH 值时，聚多巴胺的氨基会去质子化带负电荷，从而增加 SC 和聚多巴胺之间的排斥力，因此 SC 的释放速率加快，释放量也有所增加。由此可知，SC 的释放速率和释放量随着 pH 值的增加而增加。因为海水也为弱碱性（pH = 8.2~8.4），可将该胶囊作为涂层添加剂应用于船舶表面，制备可持续高效释放防污剂的涂层。此外，将不同质量的 Sc@SiO₂@PDA 微胶囊分别加入小球藻和杜氏藻藻液中，摇匀，测试了藻液的荧光强度，见图 3.38。研究结果表明，担载 SC 的微胶囊加入后，小球藻藻液的荧光强度由 437 降至 119，杜氏藻藻液的荧光强度由 367 降至 38，也说明狼毒提取物作为防污剂对降低小球藻和杜氏藻黏附数量是很有效的，可作为一种高效且环境友好型的防污剂。

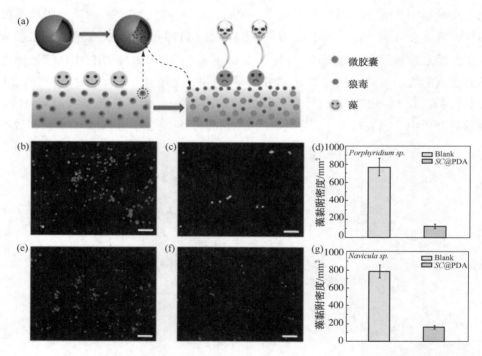

图 3.36　（a）SC@PDA 混合的丙烯酸涂层的防污机理示意图。（b）丙烯酸树脂对照样，（c）SC@PDA 混合的丙烯酸涂层表面黏附红藻的荧光照片，以及（d）相应样品上的藻类黏附密度。（e）丙烯酸树脂对照样，（f）SC@PDA 混合的丙烯酸涂层上黏附的舟形藻荧光图片，以及（g）相应样品的藻类密度统计数据。
紫球藻和舟形藻均在 20 倍放大的光学显微镜下计数，每个数据是 10 个视野的平均值（标尺为 50μm）

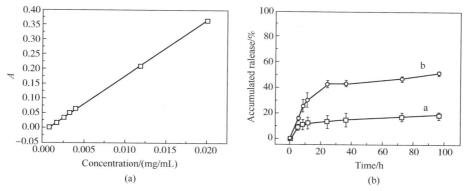

图 3.37　（a）SC 紫外吸收标准曲线和（b）不同 pH 对
SC@ SiO$_2$@ PDA 微胶囊缓释行为的影响

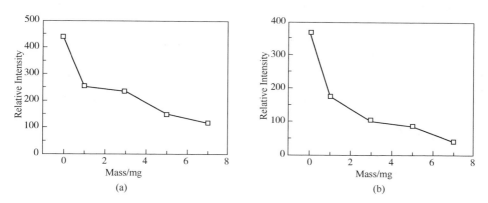

图 3.38　担载 SC 的微胶囊对（a）小球藻和（b）杜氏藻荧光强度的影响

3.5.2　海洋天然产物防污剂

与陆地生物相比，海洋生物具有更丰富的化学成分和独特的结构。在长期的研究过程中，人们发现海洋中的一些藻类、海草以及固着无脊椎动物体表常常保持洁净，不被污损，这是由于这些海洋生物具有释放天然代谢产物，直接抑制其他生物或其幼体附着的自我保护机制。目前，人们已对多种海洋微生物、海洋植物（主要为藻类、海草）和海洋动物（主要为海洋无脊椎动物）进行了研究，获得了一系列具有防污活性的天然产物提取物，包括有机酸、无机酸、内酯、萜类、脂蛋白、酚类、肽类、甾族化合物、吲哚类和生物碱等（表 3.3）。

表 3.3　部分主要的海洋天然产物防污剂

Bionts	Antifoulant	Activity
	Cnidaria	
Leptogorgia virgulata, *L. setacea*	Homarine	Growth inhibition
Renilla reniformis	Renillafoulins	Settlement inhibition
	Epoxypukalide	
Lobophytum pauciflorum	14-hydroxycembra-1,3,7,11-tetraene	growth inhibition
	15-hydroxycembra-1,3,7,11-tetraene	
	Porifera	
spongespp	Terpenoids	general antibacterial variable antifungal settlement inhibition
	Chordata	
Eudistoma olivaceum	Eudistomins G	settlement inhibition
	Thallophyta	
Delisea pulchra	Halogenated furanones	inhibition of barnacle, algal settlement, bacterial growth, andgermling development
	Thallophyta	
Delisea pulchra	Halogenated furanones	inhibition of barnacle, algal settlement, bacterial growth, andgermling development
	Angiospermae	
Zostera marina	p-(sulfooxy)cinnamic acid	settlement inhibition

3.5.2.1　海洋微生物类防污剂

当一个物体浸没入天然水后，首先有机物和碎屑以及聚合混合物黏附在其表面，然后细菌开始附着并生长繁殖，在 2~4 天内形成混合菌落，随后硅藻、真菌、微型海藻、原生动物等海洋微生物在表面上附着，形成微生物黏膜。其中的微生物会分泌多种代谢产物，这些物质会对污损生物浮游幼虫的附着行为产生影响。大部分微生物黏膜对海洋污损生物的附着起到促进作用，但也有少部分具有抑制附着的效果。

研究发现，许多海洋细菌和真菌自身会分泌一些活性物质抑制污损生物的附着。Maki 等发现 *Deleya*(*Pseudomonas*) *marina* 的细菌黏膜对纹藤壶幼虫的黏附具有抑制作用。何等人从耐盐真菌青霉菌(*Penicillium* sp. OUCMDZ-776)中分离出一种生物碱 Penispirolloid A(分子结构见图 3.39)，该生物碱对苔藓虫幼体具有较好的防污活性，其 EC_{50} 为 2.4μg·mL^{-1}。Bernbom 等从丹麦沿海水域分离出 110

种细菌，并将其分为三大类，分别为假交替单胞菌属（*Pseudoalteromonas*）、副球菌属（*Phaeobacter*）和弧菌科（*Vibrionaceae*），研究了其对石莼（*Ulva australis*）孢子黏附的抑制作用，结果表明，假交替单胞菌属中有七种菌株对石莼孢子的黏附具有抑制作用。Holmström 等也作了大量的研究，证明部分假交替单胞菌属具有较好的抑制

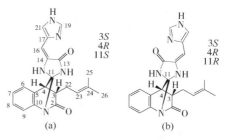

图 3.39　*Penispirolloid* A 分子结构

海洋污损生物黏附的作用。对海洋生物中防污机理的研究表明，某些次生代谢产物起着阻止污损生物黏附或附着的作用，而不是杀生物剂，基于这些"天然"产物的防污处理方法正在开发中。天然生物活性剂的发现是基于生物测定指导的分离和纯化程序。用于生物测定的测试生物的选择至关重要，并且必须与生态环境相关。

3.5.2.2　海洋动物类防污剂

从海洋无脊椎动物中寻找天然防污剂始于 20 世纪 60 年代，许多海洋无脊椎动物包括海绵、海胆、珊瑚、海鞘等的代谢产物中均含具有防污活性的物质，并且主要用于抑制无脊椎动物的幼虫附着。图 3.40 给出了具有防污活性的天然防污剂——*Pukalide*。这是一种倍半萜烯，最初是在 1970 年代从夏威夷的软珊瑚中分离出来的。

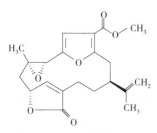

图 3.40　一种天然防污剂
Pukalide 的结构式

海绵是最原始的多细胞动物，占海洋动物种类的 1/15，是一个庞大的海洋"家族"。研究发现海绵能够产生多种次级代谢产物，其中具有防污活性的物质有生物碱、类固醇、大环内酯类、萜类、溴化产物和脂肪酸等。1990 年 Sears 等发现海绵 *Lissodendoryx isodictyalis* 表面很少有污损生物附着，认为该海绵可能会产生具有防污活性的代谢物，于是用乙酸乙酯作为洗脱剂，得到了乙酸乙酯提取物，该提取物的浓度仅为 10ng/mL 时就可抑制纹藤壶幼虫的附着。Sera 等人从蜂海绵中分离提取了新的天然产物防污剂六胜肽，该化合物对蓝贻贝有很好的驱避作用。Bowling 等通过光显微镜发现扁海绵中含有大量的 2–癸酮，该类酮化合物可有效抑制革兰氏阴性菌和斑马贝的黏附。

珊瑚是除海绵外最重要的海洋天然防污剂来源。陈等人首次从软珊瑚 *Sinularia capillosa* 中分离出倍半萜类化合物 capillosanane A，具有抑制纹藤壶幼虫

附着的作用，IC$_{50}$为 9.7μM。Lai 等人从柳珊瑚中提取的 12 种 eunicellin 型二萜类化合物和 6 种类似物在较低浓度时就可有效地抑制纹藤壶的幼虫黏附，其中 14-deacetoxycalicophirin B 没有毒性。2013 年，他们又从软珊瑚 *Sinularia rigida* 中分离出 12 种西松烷二萜（cembranoids）类化合物和 1 种已知的类似物，并确定了其结构，其中 1 种二萜类化合物和类似物对纹藤壶的黏附具有抑制作用。此外，还有从珊瑚中提取的 briarane 型二萜化合物、胆甾烷衍生物、五环类固醇、二环内酯类和苯丙氨酸衍生物等化合物均具有较强的抗菌活性和显著的防纹藤壶幼虫污损的性能。

此外，除海绵和珊瑚以外，其他的海洋动物也可产生具有防污活性的物质。海鞘类生物在世界的各个海域中广泛分布，并且种类丰富，近年来的研究表明，海鞘中含有多种具有防污活性的物质。Davis 发现固着生物海鞘 *Eudistoma olivaceum* 的表面几乎不被污损生物附着，是由于生物碱、eudistomins G 和 H 的作用。Peters 等对苔藓虫 *Flustra foliacea* 的二氯甲烷粗提取物进行分离提纯得到 11 种化合物，包括 10 种溴化生物碱类和 1 种二萜类化合物，都具有较高的抑菌活性。

3.5.2.3 海洋植物类防污剂

先前海洋防污的研究对象主要针对肠浒苔和藤壶。如今，增加用于防污性能测试的生物数量，以挑选出具有广谱性的防污材料。目前，研究人员对多种海洋生物进行了研究，例如海绵、珊瑚和大型藻类和与其相关的菌群或共生体，得到了多种具有防污活性的天然产物提取物，如萜类、生物碱、肽类、多酚、甾族化合物等，并进行了防污机制和防污性能的研究。

受从海藻中分离出具有防污活性的溴代呋喃酮和高凹顶藻醇的启发，从海洋植物中提取天然产物防污剂引起了人们的广泛关注。许多海草和红树植物可产生具有防污活性的物质，研究发现大叶藻素酸和海草的代谢产物均可作为无毒的防污剂。

红藻和褐藻也具有优异的防污性能。红藻的代谢产物中含有丰富的防污活性物质，主要包括倍半萜、二萜、三萜和 C15 溴代酯等化合物，是目前发现的含防污活性物质比例最高且防污性能最强的藻类。凹顶藻属（*Laurencia*）因具有良好的防污活性而得到最为广泛的研究。König 等从红藻 *Plocamium costatum* 中提取的单萜烯类化合物对藤壶的附着具有明显的抑制作用。Culioli 等从鹿角菜中提取的三种 meroditerpenoids 类化合物可有效抑制纹藤壶的黏附，对纹藤壶的 IC$_{50}$ 分别为 1μg/mL、5μg/mL 和 5μg/mL。褐藻多酚是一种从褐藻中提取的一类酚类化合物，具有优异的抗氧化、清除自由基、抗肿瘤等活性。Lee 等从深海褐藻腔昆布中提取的二鹅掌菜酚可作为抗真菌剂，MIC 为 200μmol/L（图 3.41）。Bianco 等以二氯甲烷为提取剂，从褐藻 *Canistrocarpus cervicornis* 中获得了三种提取物，并经防污活性实验显示，二氯甲烷提取物对贻贝具有较强的抑制能力。此外，一些绿藻中也含有具有防污活性的物质。郑等研究发现孔石莼的乙酸乙酯粗提取物可很好地抑制硅藻和贻贝的附着。Iyapparaj 等从针叶藻中获得了甲醇提取物，并将其毒性和防污性能与三丁基锡进行比较，当其浓度为 $25\mu g/mL$ 时，能够抑制褐贻贝生长，而且对褐贻贝无毒，而三丁基锡可导致褐贻贝肌肉组织变性、坏死、影响卵母细胞发育等问题，该研究表明针叶藻甲醇提取物可作为绿色防污剂的来源。

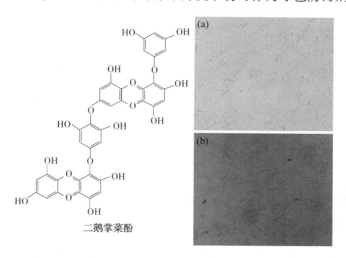

图 3.41　二鹅掌菜酚的分子结构及其对红色毛癣菌的抗菌活性图片

迄今为止，从海洋生物中纯化出的活性产物已产生了约 200 种，它们对各种海洋污染生物具有不同程度的防污作用，并且随着技术创新的不断进步，新发现化合物的数量在增加。此外，天然产物与涂料的相容性较差。在实际应用中，大多数天然产物是油，它们的加入改变了涂层的组成，以至于影响聚合物膜的形成和性能，进而改变涂层的物理性能，导致防污剂不能从涂层中有效释放出来。对于与聚合物膜化学性质不相容的天然防污剂，通常采用封装的方法。而且从生物中提取的这些物质的量很少，难以广泛应用。

3.5.3　壳聚糖

壳聚糖由 β-$(1{\rightarrow}4)$-2-乙酰氨基-D-葡萄糖和 β-$(1{\rightarrow}4)$-2-氨基-D-葡萄糖单元组成，是在碱性条件下通过脱乙酰作用从几丁质衍生而来的（图 3.42）。壳聚糖是一种丰富的天然生物聚合物，具有生物降解性、生物相容性、生物性和无毒性。它可以抑制微生物，也被认为作为开发环保型杀菌剂的良好材料。壳聚糖具有出色的抗菌功能，并有效抑制细菌和真菌的生长和繁殖。杀菌机理如下：

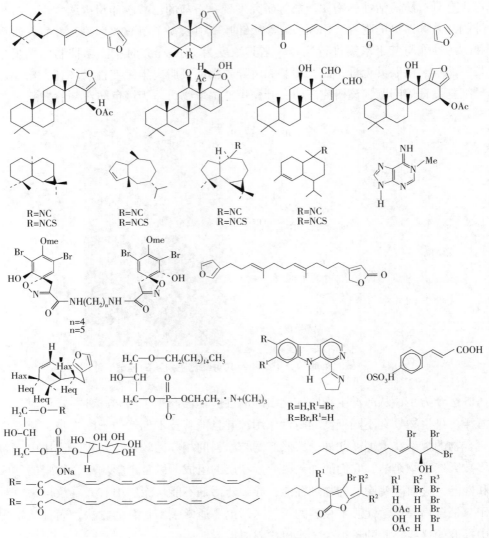

图 3.42　部分天然防污剂的分子结构

（1）低分子量壳聚糖和高分子量壳聚糖的杀菌机理不同。小分子量的壳聚糖可进入细胞并结合带负电荷的蛋白质和核酸，影响细胞的正常功能，然后触发细胞死亡。但是大分子壳聚糖通过附着于微生物表面形成一层聚合物膜来阻止营养物质的运输，因此具有防污性能。

（2）有效基团-NH₃⁺的反应和脂蛋白复合物在膜上的反应导致蛋白质变性，然后导致细胞死亡。

（3）当壳聚糖的浓度足够高时，会导致激活某些微生物的几丁质酶活性被激活，或几丁质酶被过多表达，损伤细菌细胞壁。

JE 及其同事通过将氨基官能团接枝到壳聚糖的 C-6 位上制备了具有不同脱乙酰度的水溶性壳聚糖衍生物。实验表明，所有衍生物均具有比天然壳聚糖更高的抗菌活性，并通过破坏外膜杀死细菌和细菌的内膜，见图 3.43 和图 3.44。Rajesha Kumar 通过扩散诱导相分离（DIPS）方法以及 NPS 的渗透和防污性能，将 N-甲基吡咯烷酮（NMP）中的聚砜和 1% 乙酸中的壳聚糖（CS）的两种不同成分共混以制备 PSf-CS 超滤膜。PSf-CS 膜随着壳聚糖组成的增加而增加。

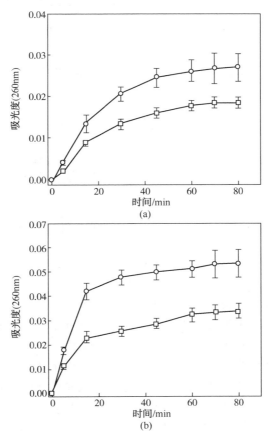

图 3.43 分别用 73.5μg/mL DMAEC、○—DMAEC90、●—DMAEC50 处理后的
（a）大肠杆菌和（b）金黄色葡萄球菌悬浮液细胞内成分释放情况
注：该值表示平均值±SD（n=3）

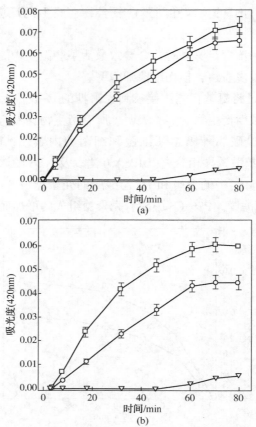

图 3.44　用(a)DMAEC90 和(b)DMAEC50 处理的大肠杆菌细胞的胞质
β-半乳糖苷酶释放情况

▼—对照样；□—73.5g/mL；●—147μg/mL

该值代表平均值±SD($n=3$)

　　壳聚糖也可以用于自抛光防污涂层的制备，将壳聚糖进行改性，获得羧甲基壳聚糖(CMCS)，通过亚胺键交替地以逐层(LbL)沉积的方式将 CMCS 和葡聚糖醛(Dex-CHO)并入多层涂层中。随着组装双层膜数量的增加，抗牛血清白蛋白(BSA)吸附、细菌(金黄色葡萄球菌和大肠杆菌)黏附和藻类(双歧杆菌)附着的防污性能稳步提高。通过在酸性环境下裂解 pH 响应的亚胺键可实现多层膜的自抛光性能。因此，密集的细菌黏附导致涂层最外层脱落。多层涂层的自抛光能力增强了防污和抗菌黏附的效果。此外，还可以通过"grafting from"的方法，改性壳聚糖水凝胶涂层，进而提高表面的防污性能。Buzzacchera 通过 ATRP 方法将低聚(乙二醇)甲醚-甲基丙烯酸甲酯(MeOEGMA)和 2-羟乙基甲基丙烯酸甲酯

（HEMA）聚合物刷截止到壳聚糖水凝胶涂层表面，改性表面结构见图 3.45，聚合物刷在 Si 基底的表面形貌见图 3.46。PHEMA 功能化表面的粗糙度高于 PMeO-EGMA 功能化表面，二者的厚度相同，均为 50 nm。但 PHEMA 和 PMeOEGMA 在壳聚糖表面的总厚度分别为 41.6nm 和 48.7nm。在 23.6nm 的壳聚糖上，每一层的厚度分别为 18.0nm 的聚（HEMA）和 35.5nm 的聚（MeOEGMA）。这是由于 HEMA 单体尺寸小，从界面和壳聚糖层内开始生长导致的。通过表面等离子体共振（SPR）对不同样品表面的蛋白质如纤维蛋白原（Fbg，$1mg \cdot mL^{-1}$）、人血清白蛋白（HSA，$5mg \cdot mL^{-1}$）、稀释人血浆（HBP，PBS 中 10%）吸附性能进行考察，结果表明，功能化的壳聚糖水凝胶涂层的防污性能得到进一步改善（图 3.47）。

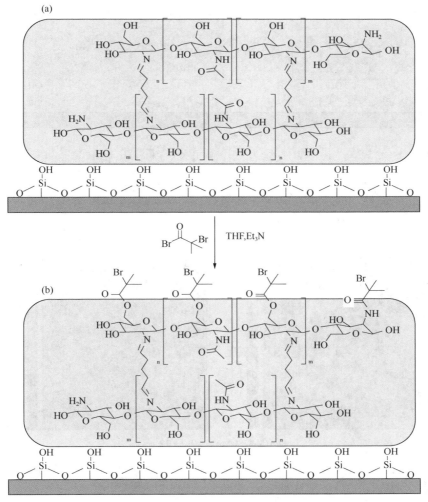

图 3.45　聚合物刷功能化的壳聚糖水凝胶表面

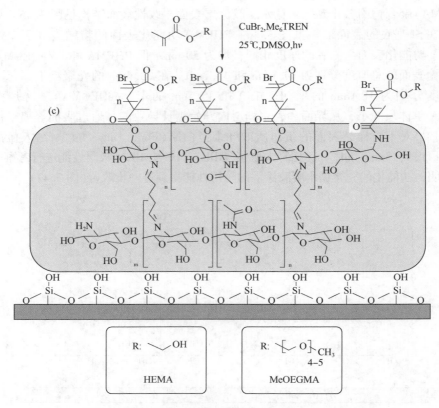

图 3.45 聚合物刷功能化的壳聚糖水凝胶表面(续)

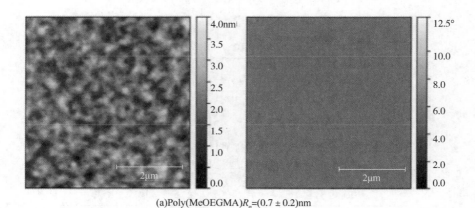

(a)Poly(MeOEGMA)R_q=(0.7 ± 0.2)nm

图 3.46 不同聚合物刷功能化的壳聚糖水凝胶表面的 AFM 形貌图及粗糙度

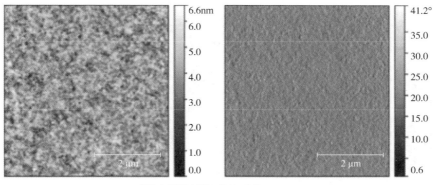

(b)Poly(HEMA)R_q=(1.2 ± 0.2)nm

图 3.46 不同聚合物刷功能化的壳聚糖水凝胶表面的 AFM 形貌图及粗糙度(续)

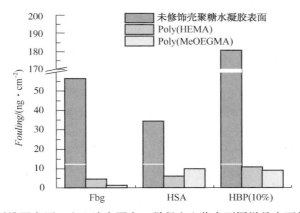

图 3.47 纤维蛋白原、人血清白蛋白、稀释人血浆在不同样品表面的吸附情况

3.5.4 酶

酶,比如蛋白酶、淀粉酶、木质素酶和纤维素之类的酶,广泛用于生物燃料生产、造纸工业、婴儿食品、清洁制剂和分子生物学中。酶可以迅速被生物降解,因此有望成为生态友好型物质。研究表明,一些酶具有更好的几丁质酶抑制活性。高效的酶与涂料结合作为主要的防污机制,环境将受益于该类无毒的杀生物剂(图 3.48)。

酶主要从生物中提取。Zhou 及其课题组提取了来自陆地植物的 17 种黄酮和异黄酮衍生物,黄酮和异黄酮衍生物对黄酮和易分解的异黄酮衍生物和染料木素能有效抑制藤壶污损。从海绵体海鞘中分离得到的海鞘胍浓度为 $10×10^{-6}$ 时,可

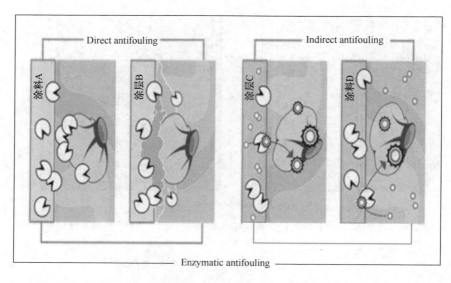

图 3.48　酶防污剂的分类及其防污机理

注：涂料 A 基于杀菌剂直接防污。涂层 B 基于黏合剂降解的直接防污性能。
涂层 C 基于环境中基材的间接防污性能。涂料 D 基于对涂料提供的底材的间接防污效果

抑制几丁质酶(水解外皮几丁质)的活性，从而抑制藤壶蜕皮(该类藤壶幼虫控制
甲壳类动物的蜕皮周期)，分子结构见图 3.49。张等人首次报道了可作用于三种
典型污损生物的丁烯醇内酯分子。结果表明，丁烯内酯通过影响目标生物体的初
级代谢来抑制生物污损。丁烯内酯也能通过维持应激相关和代谢相关蛋白(卵黄
蛋白原)抑制污损藤壶幼虫黏附，从而阻止发育，直到达到作用完全为止。Scott
等人使用聚甲基丙烯酸甲酯、聚苯乙烯和聚醋酸乙烯酯作为聚合物及 α-糜蛋白
酶和胰蛋白酶作为生物催化剂，将酶与其他蛋白质结合到疏水性聚合物涂层和膜
中，以产生生物活性材料，用于生物催化、防污表面和生物识别。12-甲基豆蔻
酸(12-MTA)通过影响 Ran-GTPase 表达和 ATP 合成酶(促进幼虫附着)来抑制污
损生物 H. elegans 幼虫黏附。Olsen 等用含淀粉酶和葡萄糖氧化酶涂层在不同海域
测试，发现在温度比较低的海域，涂层持续释放过氧化氢时间较长，该涂层在低
温区域应用效果更加明显。基于温度对防污酶控制释放的影响，可将防污酶经过
适当方法进行固定化来改善酶的热稳定性，从而实现酶在特定温度范围内的应
用。丹麦酶制剂公司——GENECOR 公司与涂料生产厂商——HEMPEL 公司合作
研发基于葡萄糖化酶和己糖氧化酶联合作用生产过氧化氢的防污技术，目前该技

术已经成功应用到防污涂料中，并已开始实船应用。

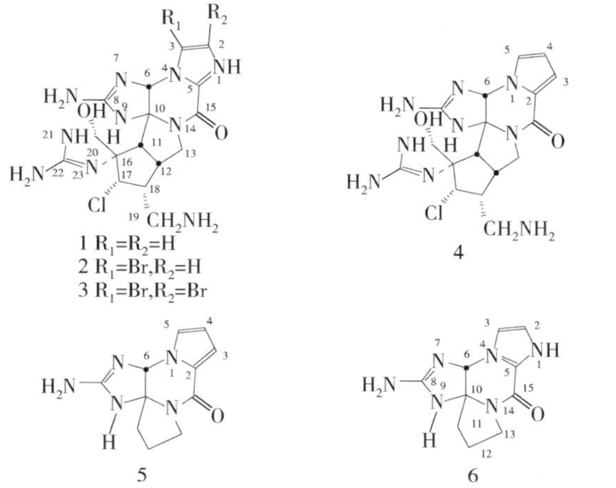

图 3.49　金柄海鞘提取物

　　酶的活性及其稳定性受到诸如温度、pH 值和盐度等环境参数的影响，游离的酶在水溶液中的稳定性也很差，容易发生自消化反应，使酶催化反应难以控制，催化效率大大下降，另外防污酶中的蛋白酶除了能催化降解污损生物黏附蛋白质，也能催化降解其他的酶。目前可以通过物理吸附法、包埋法、交联法和共价结合法等方式将防污酶固定化，以保证其活性。

　　因此，酶作为防污剂必须满足以下要求：①不受涂料成分的影响；②酶的加入不得降低涂料的使用性能；③具有广谱的防污性能；④在涂层中以及涂层暴露于海水中时具有稳定的活性。从这些要求可以看出，要设计一个可行的酶基防污涂料体系，需要解决酶与酶、酶与涂料之间的问题，具有较大的难度。虽然目前已通过一些技术手段在一定程度上解决了以上问题，但要把酶基防污涂料广泛应用到工业中的路途仍艰难遥远。总体来说，针对污损生物黏附物质组成及黏附特点开发酶基防污技术，通过酶的固定化提高酶在涂料体系中的稳定性，通过包覆技术消除各种酶之间的相互影响，是目前酶基防污技术的主要研究方向。酶基防污技术作为一种可行性较高的新型环保防污技术，目前已取得了显著的研究进展，部分国际大型涂料公司均有研究开发计划，具有广阔的应用前景。

第 4 章

新型海洋防污材料

目前，在各种避免海洋微生物黏附的实际应用措施当中，基底界面形成保护性涂层无疑是最为行之有效且较易实施的方法。特别是当全世界范围禁止使用三苯基锡(TBT)体系的防污涂层之后，在过去的几年中环境友好型广谱长效防污新技术的研发一直是各国科学家共同追求的方向之一。尤其以各种无毒或低毒性防污杀菌剂掺杂的高分子树脂类涂层，借助其自身独特优势成为当前主要的研究热点。基于目前广泛使用的防污涂层中重金属离子的过度释放对海洋生态系统发展的不利影响，研制具有较低防污剂负载量或较低防污剂释放速率的环境友好型涂层具有重要意义。

4.1 丙烯酸树脂涂层

丙烯酸树脂的成膜性、抗老化、耐腐蚀性较好，具有一定的光泽度，能满足防污树脂的要求，并能适用多种复杂环境。制备丙烯酸树脂的成本、工艺具有超高的性价比，因此丙烯酸树脂在海洋防污领域有着广泛的应用。通常采用原子转移自由基聚合的方法，将含硅、含氟、两性离子化合物等具有优异防污性能的成分引入丙烯酸酯聚合物中，进而得到具有良好防污性能的防污树脂，与此同时，丙烯酸树脂的机械性能、耐水性、耐磨性等性能均有改善。

下面介绍的有机硅改性丙烯酸树脂防污涂层、有机氟改性丙烯酸树脂防污涂层、有机氟硅改性丙烯酸树脂防污涂层，其防污性能均是基于低表面能防污涂层的机理进行设计的。

4.1.1 有机硅改性丙烯酸树脂防污涂层

有机硅是指有机硅化合物，含有 Si—C 键、且至少有一个有机基是直接与硅原子相连的化合物。通常情况下，将通过氧、硫、氮等元素使有机基与硅原子相连接的化合物。在目前的研究中，以—Si—O—键组成的有机硅化合物居多，约占 90% 以上。20 世纪 70 年代，首个有机硅氧烷聚合物防污涂料被研发出来，但存在附着力差、重涂性能差、可施工性能差等缺点。

目前，含硅丙烯酸树脂防污涂层的制备方法被广泛研究，目前发展了多种具有优良特性的防污涂层，比如：有机硅机硅改性丙烯酸树脂、有机硅改性聚氨酯、有机硅改性环氧树脂、有机硅改性酚醛树脂等。

丙烯酸类树脂的制备一般采用丙烯酸、丙烯酸正丁酯、丙烯酸异辛酯、丙烯酸甲酯、甲基丙烯酸甲酯等单体。海洋防污涂层主要用于船体或仪器设备的水下部分，与基底的结合力严重影响涂层的使用寿命。刘姣以一定比例的丙烯酸正丁酯、甲基丙烯酸甲酯、端羟基聚二甲基硅氧烷、AIBN 和固化剂合成了具有低表面能的有机硅改性丙烯酸树脂。其中甲基丙烯酸甲酯的用量影响涂层的硬度，丙烯酸正丁酯的用量影响涂层与基底的结合力，引发剂的用量会影响聚合后聚合物的分子量的大小，进而影响涂层的表面状态（表 4.1）。有机硅单体含量会影响涂层的疏水性，含量过高，导致 Si 在涂层表面的富集量增大，对涂层疏水性能改善不大，而且会导致涂层与基底的结合力下降。祁凯月等以乙烯基三甲氧基硅烷和丙烯酸类单体为原料，采用自由基聚合的方法制备了有机硅改性丙烯酸树脂，然后添加纳米二氧化硅，以喷涂的方法，在 Q235 碳钢表面形成了防污涂层，通过调整原料中丙烯酸的比例，提升涂层与基底的结合力。

表 4-1　丙烯酸添加量对涂层附着力的影响

丙烯酸/g	0.1	0.3	0.5	1	1.5
黏附力/grade	3	3	4	>4	>4

许康等以氨基硅油为原料，通过化学设计合成了一系列具有低表面能的氨基硅油改性丙烯酸树脂，并辅以颜填料、防污剂等成分，研究了涂层附着力、硬度、接触角与涂层成分之间的关系，通过实验室和海洋挂板实验考察了防污涂料的海洋防污性能。研究表明，涂层的防污性能与氨基硅油含量成正相关，有机硅改性的丙烯酸树脂防污涂料的表面能越低，污损生物在涂层表面的附着强度越低，涂层的防污性能越好。多面体低聚倍半硅氧烷（POSS）作为一种新的有机硅

新型材料受到了科学界的广泛关注。POSS 具有特殊的笼状结构，硅氧键构成笼状的无机内核，被认为是现有的最小二氧化硅颗粒(1~3nm)。华南理工大学倪枫作等人采用溶液自由基聚合的方法制备了 MAPOSS(甲基丙烯酸-七异丁基多面体低聚倍半硅氧烷)改性的水性丙烯酸树脂，考察了亲水单体 DMAEMA(甲基丙烯酸二甲氨基乙酯)和 HEMA(甲基丙烯酸羟乙酯)含量与中和度对 MAPOSS 改性水性丙烯酸树脂性能的影响。实验结果表明，该涂层具有较高的透明度，MAPOSS 在丙烯酸树脂中的分散性和稳定性较好，改性树脂与基底的附着力、耐冲击性和耐水性均较好，水滴在表面的接触角大概在 105°左右，油墨难以在表面附着，具有优异的防污性能。Zhang 以甲基丙烯酸三异丙基硅酯为自抛光基质，加入了具有防污活性的 SBMA 和 Cu$^+$，制备了具备自抛光性能的水性防污涂料，当 PBR(颜料黏合剂比)为 1.5 时，涂层自抛光速率为 8.27μm/月，防污剂的释放速率为 0.35μg/(cm^2·d)，防污性能最优。同时进行了六个月的海洋挂板实验，涂层防污性能良好，再次证明该水性涂料具有实际应用潜力。而且该涂层在制备过程中仅使用水作溶剂，是绿色环保的，符合我国国情。

4.1.2　有机氟改性丙烯酸树脂防污涂层

氟原子半径较小，电负性较大，C—F 键能较高(约 485.58kJ/mol)，形成的聚合物或树脂具有优良的化学稳定性、耐大气老化、防生物污损、低表面能等特性，因此，含氟树脂在海洋防污领域有着广泛的应用。

Rabnawaz 等人将全氟聚醚与多元醇相结合，在无氟溶剂的条件下，制备了数十微米厚的氟化聚氨酯涂层，该涂层透明度较好，可有效防止水、二碘甲烷、十六烷、墨水、指纹等在表面的黏附(见图 4.1)，并且该防污涂层可涂覆在不同的基底表面，应用较为广泛。龙香丽等人采用自由基聚合的方法，制备了氟硅改性苯乙烯环氧丙烯酸树脂，在树脂中添加了一定量的纳米 SiO$_2$，获得了具有微纳结构的超疏水涂层。Song 等人采用自由基聚合的方法合成了含冰片单体和氟的聚(甲基丙烯酸甲酯-丙烯酸乙酯-甲基丙烯酸六氟丁酯-甲基丙烯酸异冰片酯)(PBAF)，合成路线如图 4.2 所示。PBA$_{0.09}$F 涂层对大肠杆菌和金黄色葡萄球菌的抗菌率分别为 98.2% 和 92.3%，24h 内，双眉藻在涂层表面的黏附数量为 Å26(0.1645mm^2)，实验结果表明，共聚物中的氟成分使得涂层具有低表面能和优异的防污性能，同时，涂层的稳定性也大幅度提高。Deng 通过在纤维素纤维上多层沉积聚二烯丙基二甲基氯化铵和二氧化硅颗粒，然后进行氟化表面处理，制备了超疏水纸。通过将大肠杆菌悬浮液喷洒在纸张样本上，然后将样本倾斜 5°，保持5s，进行细菌黏附实验。发现超疏水纸张上的细菌黏附力显著低于未经处理的纸张，将其归因于大肠杆菌悬浮液液滴表面的滚落，从而阻碍不可逆黏附。Jong等人通过原子转移自由基聚合直接引发三氟氯乙烯单元中的氯原子，合成了一种由聚[偏氟乙烯-三氟氯乙烯[P(VDF-co-CTFE)]为主链和聚甲基丙烯酸氧乙烯酯(POME)为侧链组成的两亲性梳状聚合物。引入P(VDF-co-CTFE)-g-POEM梳形聚合物作为添加剂制备聚偏氟乙烯防污超滤膜。结果表明，含P(VDF-co-CTFE)-g-POEM梳形聚合物的膜的防污性能在水通量略有变化的情况下得到显著改善。

图4.1　水和十六烷在防污涂层表面的运动情况

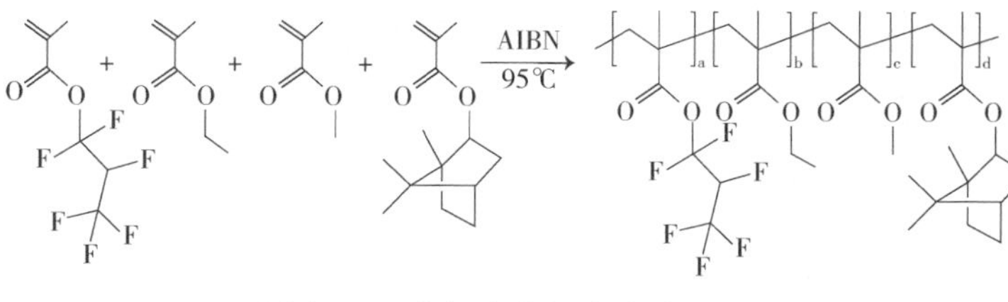

图4.2　含氟聚合物合成路线图

Yang等人在含氟疏水丙烯酸树脂和亲水丙烯酸树脂中，加入协同防污剂氧化亚铜，同时为克服低表面能性污损释放涂层静态抗生物黏附效果差的缺点，加入二甲基硅氧烷弹性体，获得润滑液填充体系，其防污效果见图4.3。防污实验结果表明，当硅油含量高于40%时，界面微生物黏附数量明显降低，且基本维持在较低的污损水平，与空白不含硅油组分的 PDMS 体系相比，表面绿藻和硅藻黏附的黏附量减少 80% 及 90%。当硅油含量为 40% 质量分数及以上时可在 PDMS 界面形成完全均匀分布的硅油体系，从而能够避免 PDMS 界面与藻类的直接接触，表现出良好的抗微生物黏附特性，使其有效克服了低表面能体系在静态条件下抗生物污损行为差的缺点。实验中获得的涂层成功将防污与污损释放概念集合至一种涂层当中，所制备涂层能够分别在静态和动态剪切条件下均表现出良好的抗微生物污损性能。为进一步提高防污涂层的光谱性，将具有防污作用的两性离子、无机防污剂引入丙烯酸树脂涂层，进行涂层改性。两性离子和防污剂氧化亚铜共同组成了环境友好型二元协同海洋防污涂层。海洋挂板实验说明该防污涂层具有广谱性，防污效果持久（图 4.4）。

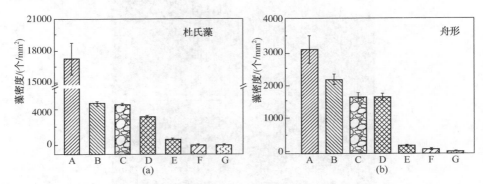

图 4.3 不同质量分数硅油填充低表面能体系静态条件下的
（a）杜氏藻和（b）舟形藻的黏附密度

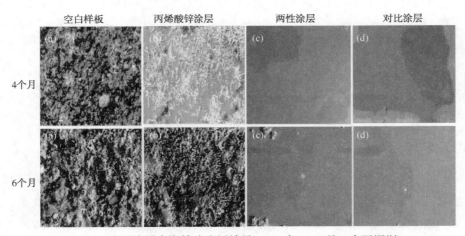

图 4.4 防污涂层实海挂片防污效果（2015 年 5~8 月，中国深圳）

4.1.3 有机氟硅改性丙烯酸树脂

虽然，有机氟硅改性树脂和单一有机硅或有机氟树脂的防污机理都是通过污损释放达到防污的目的，但研究表明，有机氟硅树脂的机械性能和防污性能优于单一的有机硅或有机氟树脂。有机氟树脂是刚性聚合物，需要较高的能量才能通过界面之间的剪切使污损生物脱落。而有机硅树脂能够形成弹性涂层，表面污损生物的脱落主要通过剥离方式来实现，因而所需能量较少，但是涂膜较软、容易形变甚至破裂。有机氟硅防污涂料则兼顾了有机氟材料和有机硅材料的优点，制备的涂层具有较好的超疏水、超疏油和防污性能，而且稳定性较好，因此氟硅树脂是未来无毒防污材料领域研究的重点方向之一。

程章等人结合了丙烯酸预聚物、α，ω-三乙氧基硅烷封端的聚二甲基硅烷低聚物(TSU)和α-三乙氧基硅烷封端的全氟聚醚低聚物(PFU)制备了含有 PEG 的氟硅改性丙烯酸树脂防污涂层，虽然 PFU 和 TSU 的含量增加会导致涂层弹性模量的下降，但涂层的防污性能提高，其中 PEG 也有助于涂层防污性能的提升。沈宇新采用有机氟单体甲基丙烯酸十二氟庚酯(FMA)和有机硅单体 γ-(甲基丙烯酰氯)丙基三甲氧基硅烷(KH570)对丙烯酸树脂进行改性获得了有机氟硅改性的丙烯酸涂料。涂料的疏水性防污性能均优于单一的氟、硅单体树脂。庞旭将乙烯基三乙氧基硅烷(VTES)和全氟癸基三乙氧基硅烷(PFDTES)引入丙烯酸树脂中，制备了有机氟硅丙烯酸树脂，采用扫描电镜、红外光谱仪、热重分析仪和接触角测量仪等对树脂进行了物理化学性质分析，树脂的热性质变化、疏水性均符合行业标准，而且随着含氟量的增加，体系的疏水性增加，见图 4.5。

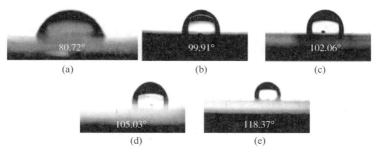

图 4.5　不同含氟量涂层的接触角图片

POSS(多面体低聚倍半硅氧烷)是最小含硅粒子，尺寸约为 1~3nm，具有粒径小、比表面积大、较高的表面能、高的热稳定性、结构可设计和良好的溶解性等特点。此外，POSS 的原子活性高，容易与其他原子结合，在改性高分子材料和耐热阻燃材料等方面有广泛的应用。基于此，倪枫作先采用自由基溶液聚合的方法，制备了水性 MAPOSS（甲基丙烯酸七异丁基多面体低聚倍半硅氧烷）改性的聚丙烯酸酯聚合物 MAPOSS-PA，然后引入含氟单体 FMA（甲基丙烯酸十二氟庚酯），制备过程见图 4.6。研究表明，随着单体 MAPOSS 和 FMA 含量的增加，疏水性、疏油性显著提高，有良好的防污性能。该防污涂层透明度较高，具有良好的耐腐蚀性、耐磨性能，在港口金属机械、精密仪器仪表盘、石油钻井平台、船坞表面等领域具有潜在的应用。

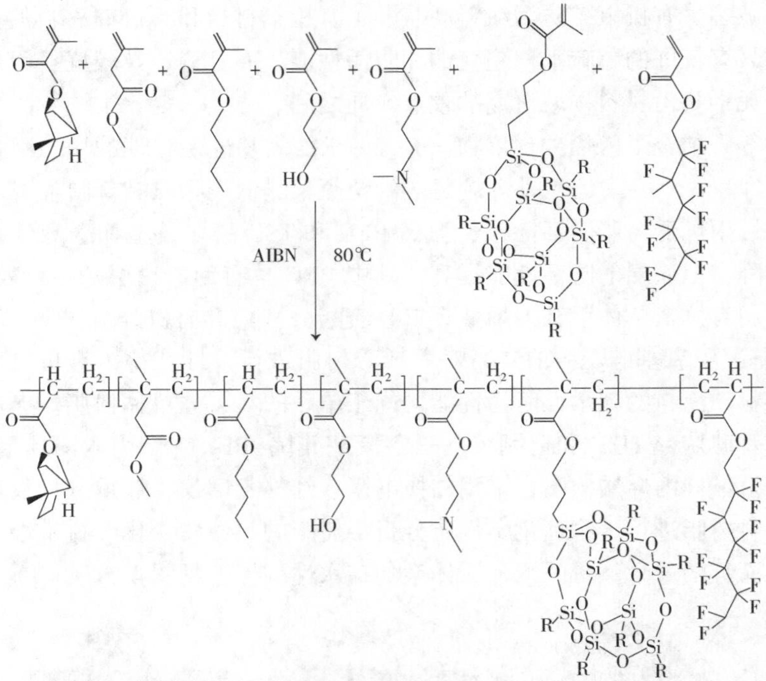

图 4.6　MAPOSS/FMA 改性水性聚丙烯酸酯聚合物的合成原理图

4.1.4　自抛光丙烯酸树脂防污涂层

20 世纪 70 年代自抛光防污涂料被广泛使用，主要防污剂是有机锡，后来研究发现有机锡对海洋生态环境及人类健康安全存在潜在的威胁，2008 年国际海事组织已全面禁止有机锡防污涂料的使用，继而发展了氧化亚铜等低毒、无毒的自抛光防污涂料。

丙烯酸或甲基丙烯酸共聚物在海水中容易水解，附着在漆膜表面的污损生物与共聚物膜一起被清除,共聚物膜通过共聚物水解分解。这种水解/侵蚀过程导致表面光滑,因此,这些共聚物被称为自抛光共聚物。共聚物与杀菌剂混合使共聚物表面光滑,并且具备控制/调节杀菌剂浸出率的能力。目前常用的无锡防污漆也使用了相同类型的自抛光共聚物有机锡防污涂料,通过将铜、硅、锌或低聚物基团与其羧酸侧链而非三丁基锡基团结合,部分无锡自抛光聚合物的结构式见图4.7。

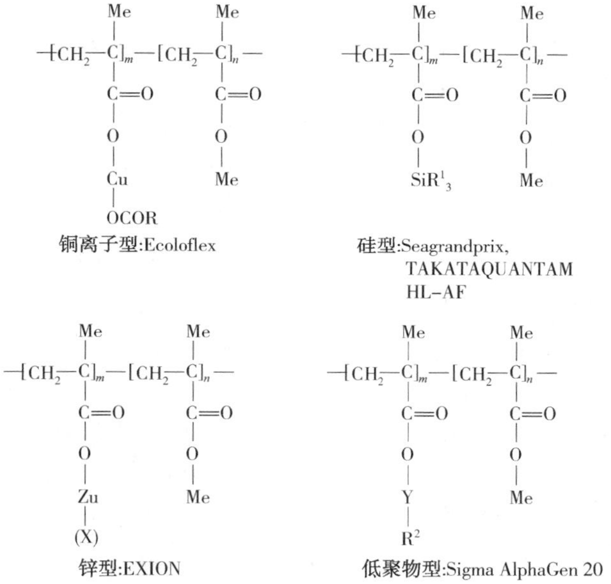

铜离子型:Ecoloflex

硅型:Seagrandprix,
TAKATAQUANTAM
HL-AF

锌型:EXION

低聚物型:Sigma AlphaGen 20

R=CMe₃,CH(Et)(Bu),-(CH₂)₇CH=CH(CH₂)₇Me,etc

R¹=propyl,butyl

R²=Me,Et,etc

X=alkylcarboxylate grpup,etc

Y=oligomer

图4.7 部分无锡自抛光聚合物结构式

目前,自抛光防污涂料的主要树脂基料以丙烯酸型自抛光树脂为主。据报道,国内外应用最多的无锡自抛光防污涂料多被海虹老人、佐敦等国外涂料公司垄断。佐敦公司在2000年开发出了第一代不含TBT有毒成分的自清洁和自抛光海洋防污涂料——SeaQuantum,这是一种新型的在全球广泛认可的领先有机硅丙烯酸防污涂料。在此基础上,2008年佐敦又推出了新型涂料产品——SeaMate,新一代的SeaMate防污性能有效期长达60个月,而且干燥速度快,缩短了船舶涂装时间和材料成本。2017年海虹老人推出了新型防污涂料产品Globic 9500系列,该系列涂料采用了 Hempel 专利纳米丙烯酸酯技术，结合了黏合剂和杀菌剂，提升了自抛光涂层的强度，主要针对新建造的或上岸维修的船舶和海上构筑物防污性能的提升，显著节省燃料和降低 CO_2 排放量，提高船舶的工作效率，减小对环境的影响。

近年来，我国多个研究所、高校、企业等在自抛光树脂的合成及应用方面做了大量的研究，主要以丙烯酸锌自抛光树脂为主。传统自抛光海洋防污涂料的防污性能主要取决于其水解敏感侧基或可降解聚合物主链。中国船舶重工集团公司第七二五研究所邓冰锋等人以甲基丙烯酸、丙烯酸甲酯、丙烯酸丁酯、氢氧化锌等原料，制备了自抛光丙烯酸锌树脂，并通过刷涂工艺进行制板，考察了涂层的剪切强度、实海防污性能，海洋挂板实验 3a 后，涂层的耐剥离性能良好，涂层表面状态良好，无藻类及硬壳类污损生物附着(见图 4.8)，防污性能良好，符合标准 GB/T 5370—2007 的要求。浙江大学孙保库等人采用自由基聚合和梯度降温的方法，制备了具有线性溶蚀性能的自抛光丙烯酸树脂涂层，以质量比 3∶5 添加吡啶硫酸铜锌和 Tralopyril 防污剂，当防污剂含量达到 12% 时，可满足防污要求。通过调整防污涂料的基础配方(表 4.2)，最终得到的涂层性能参数如表 4.3 所示，符合国家对涂料产品的政策要求。华南理工大学张光照教授课题组将天然产物防污剂 Butenolide 与自抛光丙烯酸锌树脂 H100Z、H150Z、H200Z 相结合，考察了涂层的润湿性、自抛光性能和防污性能，结果表明，具有更高的水解降解速率和更强的表面自更新能力的 H100Z 具有优异的防污性能，能使防污剂持续、稳定且可控地释放，有效地避免污损生物的附着，因此，防污涂层的高分子树脂是影响防污涂料的防污效果和使用寿命的重要因素。

(a)挂板前　　　　　　　　　　　　(b)挂板3a后

图 4.8　自抛光丙烯酸锌树脂浅海挂板照片

表 4.2　防污涂料基础配方　　　　　　　　　　　　　　质量分数/%

材料	用量	材料	用量
丙烯酸树脂	20.00	溶剂	17.50
绿色防污剂	12.00	佐剂	3.30
颜料和填料	47.20		

表 4.3　防污涂料的基本性能

性　　质	结果	评价标准
密度	1.4g/cm^3	GB/T 6750—2007
挥发性有机化合物含量	335g/L	GB/T 23985—2009
贮存稳定性[(50±2)℃，30d]	采用	GB/T 6753.3—1986
4 号杯黏度(25℃)	126s	GB/T 1723—1993
干燥时间(25℃)	表面干燥 1h，干透 4h	GB/T 1728—2020
柔韧性	2mm，无裂纹	GB/T 6742—2007
抗冲击性	50cm，无检测	GB/T 20624.1—2006
黏附	二级	GB/T 9286—2021
铅笔硬度	3H	GB/T 6739—2006

　　厦门某涂料有限公司的李春光工程师制备了以功能性丙烯酸甲硅烷酯共聚物为基料，以氧化亚铜为主防污剂的自抛光防污涂料，通过调整基料配比，筛选出了性能优异的防污涂料(图 4.9)，涂料磨蚀率为 5μm/month，防污有效期达 26 个月。

图 4.9　不同基料配比防污涂层的实海挂板结果

张海春等人考察了表面微结构与自抛光的协同防污效果，将具有吸水溶胀能力的微球加入自抛光树脂中，通过交联反应制备了表面微结构自抛光防污涂层，考察了涂层浸水过程中表面微结构形貌、溶胀、自抛光性能和抑制小球藻附着性能。研究结果表明，自抛光率与可水解单体含量成正相关关系，然而可水解单体含量过大时，涂层溶胀与自抛光成相互制约关系；同时，可水解单体的含量对涂层的防污性能也有一定的影响，小球藻附着率随可水解单体含量的增加而下降，当微球分散液质量分数为10%、可水解单体质量分数为40%时，涂层抑制小球藻附着的效果最佳，见图4.10。

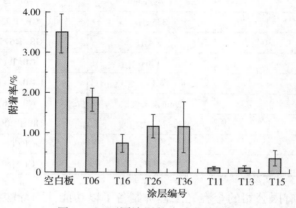

图 4.10　不同涂层的小球藻附着率

　　此外，还有一些新形式的自抛光防污涂料，比如基于多糖(PSa)通过亚胺键交替地以层层自组装方式制备的自抛光多层防污涂料，该涂层的自抛光能力主要是通过在酸性环境下裂解 pH 响应的亚胺键来实现，自抛光机理见图4.11。Yang等人制备了一种用于自抛光防污涂料的高度支化共聚物，其中一级聚合物链由可降解片段(聚 ε-己内酯，PCL)桥接。由于 PCL 碎片的部分或完全降解，表面上剩余的涂层可能会被海水分解和侵蚀。最后，聚合物表面是自抛光和自更新的。通过可逆络合介导聚合(RCMP)成功制备了所设计的高度支化共聚物(图4.12)，其主链的 M_n 约为 3410g/mol。水解降解结果表明，共聚物的降解受到控制，降解速率随可降解片段含量的增加而增加。藻类黏附试验表明，共聚物本身具有一定的抗生物污染能力。此外，该共聚物可作为防污剂 4,5-二氯-2-辛基异噻唑酮(DCOIT)的控释基质，且释放速率随可降解片段的含量增加而增加。海上现场试验证实，这些共聚物基涂料在超过 3 个月的时间表现出优异的抗生物污染能力。该方法为海洋防污涂层的开发提供了新的思路。

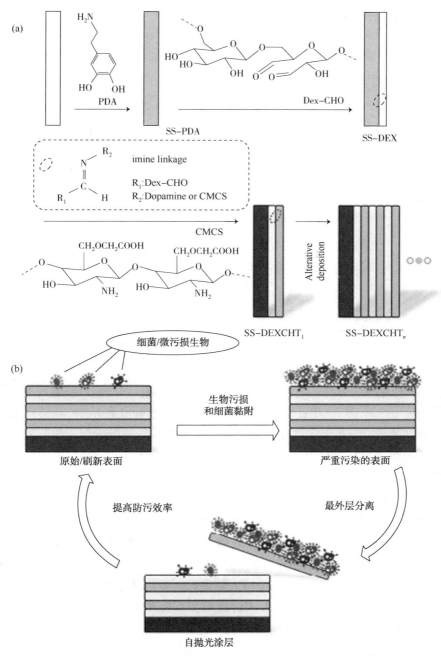

图 4.11 （a）在不锈钢表面逐层沉积制备的多层涂层；（b）自抛光机理

95

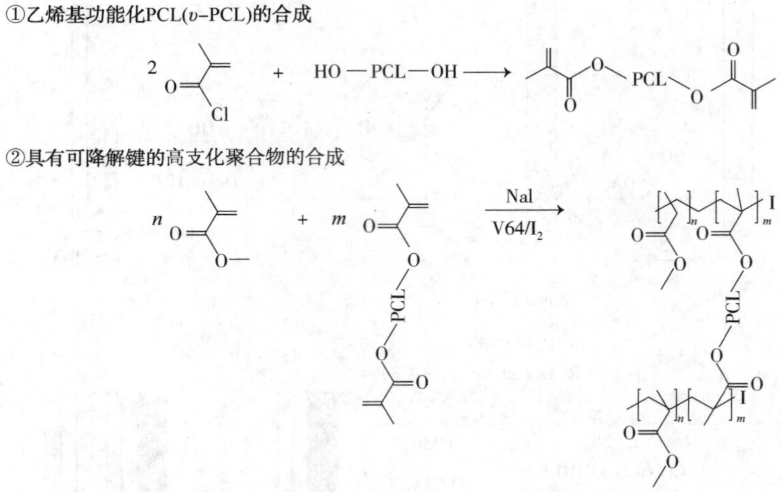

①乙烯基功能化PCL(v-PCL)的合成

②具有可降解键的高支化聚合物的合成

图 4.12　通过可逆络合介导聚合(RCMP)形成高度支化共聚物的机理

4.2　聚氨酯防污涂层

聚氨酯(PU)，全名为聚氨基甲酸酯，主链含-NHCOO-重复结构单元。聚氨酯具有优良的稳定性、弹性、耐化学药品、耐低温等性能，在涂料、胶黏剂等领域有着广泛的应用。基于以上优良性能，聚氨酯在海洋防污领域也有着广泛的应用。

在前期的研究基础上，沈宇新将聚氨酯与羟丙基硅油相结合，制备了有机硅改性的低表面能涂料，利用硅单体提高了涂层的热稳定型，同时涂层兼具一定的防污能力(图4.13)。Qiao合成了一系列不同含氟扩链剂(EF)含量的含氟聚氨酯(FPU)，以及相同含量的聚(氧四亚甲基乙二醇)和二苯基甲烷二异氰酸酯，以探索这些 FPU 的表面物理化学性质与本体微相分离结构及其性能之间的关系对模型细菌和血小板的防污活性。FPU 的体相分离度随 EF 掺入量的增加而增加。结果发现，与非氟化聚氨酯相比，微相分离程度更高的 FPU 对模型细菌和血小板都表现出优异的防污活性。Eyssa 等人使用聚氨酯/碳辐照功能化多壁碳纳米管(PU/FMWCNT)纳米复合材料作为木材涂层，以避免或减少船体生物污染的风险。结果表明 FMWCNT 在聚氨酯基体中具有良好的分散性。涂层木样的力学性能得到改善；试样具有良好的硬度和附着力，弯曲模量合理。涂层的防污性能表明，将质量分数为 0.1% 和 0.2% 的 FMWCNTs 固定在聚氨酯复合材料上，辐照100kGy，能有效防止小球藻在表面的黏附。Xu 受自然界中贻贝黏附现象的启发，设计了一种简单、温和的表面改性工艺，使聚氨酯(PU)基材具有抗菌/防污性能。先聚多巴胺被直接涂覆到聚氨酯表面，然后添加 AgNO$_3$，并通过聚多巴胺涂层的活性酚羟基和胺基团吸附到表面。同时，通过聚多巴胺涂层的"桥"将吸附的银离子原位还原成金属银纳米粒子，从而获得具有良好抗菌性能的涂层。最后，通过 Michael 加成反应将1H、1H、2H、2H 全氟十二烷硫醇[CF$_3$(CF$_2$)$_7$CH$_2$ CH$_2$SH，F-SH]附着在 PDA 涂层上。抗菌层上方的疏水 F-SH 层具有优异的防污性能。初步抗菌试验表明，涂层表面对大肠杆菌(革兰氏阴性细菌)和金黄色葡萄球菌(革兰氏阳性细菌)的抗菌活性增强，改性聚氨酯可作为抗菌材料使用。Etemadi 等人在聚碳酸酯(PC)-聚氨酯(PU)共混膜中添加了质量分数为 1.5% 的 Al$_2$O$_3$纳米颗粒，提高了孔隙率和亲水性，赋予共混膜良好的防污性能。

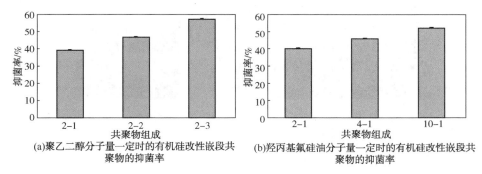

(a)聚乙二醇分子量一定时的有机硅改性嵌段共
聚物的抑菌率

(b)羟丙基氟硅油分子量一定时的有机硅改性嵌段共
聚物的抑菌率

图 4.13　有机硅改性嵌段共聚物的抑菌率结果图

作为涂料，目前已经发展了水性聚氨酯涂料、改性聚氨酯涂料和环保型聚氨酯涂料等。

4.3　聚合物刷功能化的防污涂层

聚合物刷，通常是指通过化学键固定在表面的一层微纳米尺度的聚合物薄膜。与自组装薄膜相比，具有突出的优点：较高的机械性能、较好的化学稳定性，可引入大量的官能团，目前已被广泛用于调节材料表界面的物理化学性质。无毒功能化的聚合物刷可用于制备非释放型涂层，并且能够有效地阻止蛋白、细菌和海洋生物的黏附。

4.3.1　单组分聚合物刷改性表面设计及其防污性能研究

Wan 选择具有高密度柔软毛发纤维的天然毛皮作为模型毛发表面，系统研究了动态和静态条件下微藻和游动孢子与这种被"毛发"[聚甲基丙烯酸甲磺丙酯（PSPMA）刷]覆盖的仿生表面之间的相互作用。聚合物刷修饰的毛状表面可有效防止微藻/孢子的黏附，也有较好的污损脱附性能，见图4.14。PSPMA功能化的表面因磺酸官能团与水分子的静电结合作用，形成水化层，可有效阻止藻类和蛋白质的黏附（图4.15）。

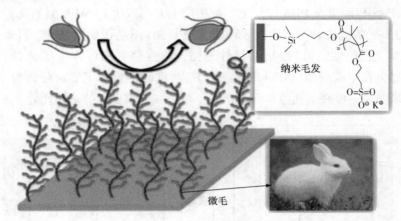

图 4.14　兔毛和聚合物刷功能化的具有 AF/FR 特性的多尺度毛状表面
（AF 防污、FR 污损脱附）

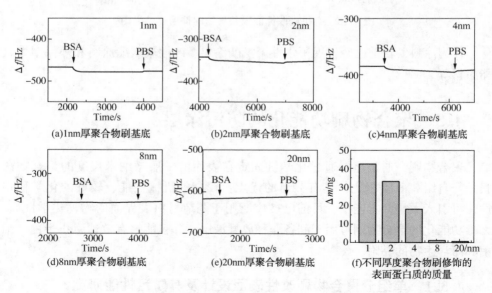

图 4.15　不同厚度 PSPMA 聚合物刷基底表面蛋白黏附量 QCM 表征

基于两性离子化合物优异的水化能力、耐离子稳定性和优异的防污性能，Zhao 等人通过表面电化学诱导原子转移自由基聚合(SI-eATRP)方法制备了两性离子型聚合物刷(聚磺基甜菜碱乙烯基咪唑)功能化的表面(图 4.16)。图 4.17 为不同表面的蛋白质吸附曲线与吸附质量，由图可知，BSA 在 QCM 芯片、聚合物刷 pVI 和聚合物刷 pSBVI 修饰的表面上的吸附量分别为 56.64ng/cm^2、113.28ng/cm^2 和 3.54ng/cm^2。由此可以看出，与未修饰的 QCM 芯片和聚合物刷 pVI 修饰的表面相比，聚合物刷 pSBVI 修饰的表面具有非常低的蛋白吸附量。

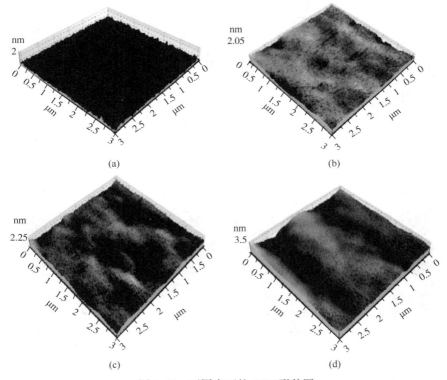

图 4.16　不同表面的 AFM 形貌图

Lysozyme 在不同修饰的 QCM 芯片上的吸附情况与 BSA 在不同表面上的吸附现象相似，Lysozyme 在未修饰的 QCM 芯片、聚合物刷 pVI 和聚合物刷 pSBVI 修饰的表面上的吸附量分别为 162.06ng/cm^2、237.18ng/cm^2 和 7.08ng/cm^2。与 QCM 芯片和聚合物刷 pVI 修饰的表面相比，两性离子聚合物刷 pSBVI 修饰的表面具有最小的蛋白吸附值。图 4.18 为海生椭球藻在不同测试时间、不同样品表面的黏附密度，海生椭球藻在空白硅片表面的黏附密度分别为 331 个/mm^2、345 个/mm^2、

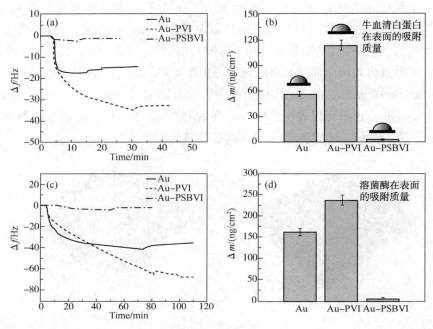

图 4.17 聚合物刷功能化表面的抗蛋白性能

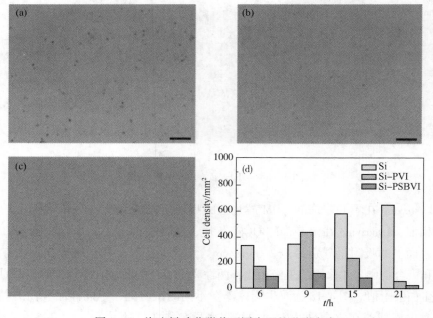

图 4.18 海生椭球藻附着不同表面的黏附密度

579 个/mm² 和 648 个/mm²；在 pVI 修饰的硅片表面的黏附密度分别为 172 个/mm²、433 个/mm²、233 个/mm² 和 58 个/mm²；在 pSBVI 修饰的硅片表面的黏附密度分别为 102 个/mm²、129 个/mm²、85 个/mm² 和 25 个/mm²。由此可以看出，随着测试时间的延长，空白硅片表面海生椭球藻的黏附密度逐渐增加，聚合物刷 pVI 和 pSBVI 修饰的表面上的海生椭球藻黏附密度略有增加后逐渐下降，聚合物刷功能化的表面均表现出较好的抗藻黏附性能。与聚合物刷 pVI 修饰的硅片相比，表面接枝 pSBVI 的硅片一直具有较低的海生椭球藻黏附密度。

图 4.19 为所有功能化的基底在大肠杆菌中 37℃ 孵化 24h 的菌落图片。由图可知，不同表面的菌落数对照样>聚合物刷 pVI 修饰的表面>聚合物刷 pSBVI 修饰的表面，表明 pSBVI 比 pVI 具有更好的抗菌效果。研究表明，两性离子聚合物刷借助其高度水化的特性，能明显减少或降低海生椭球藻、大肠杆菌、牛血清蛋白和溶菌酶等藻类、细菌和蛋白的污损黏附和表面吸附行为，表现出广谱、高效的防生物污损性能。

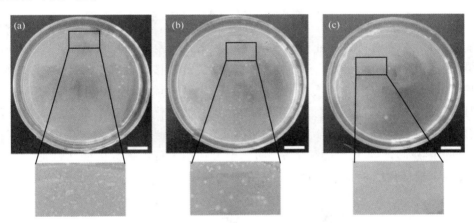

图 4.19　不同表面的抗大肠杆菌效果

Liu 通过 ATRP 的聚合方法将两性离子聚合物刷接枝到一种薄膜复合材料（TFC）上。研究表明，两性离子聚合物刷对膜表面进行改性后，膜表面粗糙度降低，亲水性增强，表面电荷降低。同时，膜表面的 BSA、海藻酸钠、天然有机物等有机污染物在表面的黏附量下降明显，与原始 TFC 膜相比，改性膜的水通量衰减显著降低。因此，通过 ATRP 控制两性离子聚合物刷的结构有可能在不损害固有传输特性的情况下，对广泛的水处理膜进行简单的防污改性。Wu 等用含多巴胺结构的引发剂对碳纳米管进行改性，得到了多巴胺单分子层包覆的碳纳米管（CNT-pDOP-Br），利用表面原子转移自由基聚合方法得到聚合物 pSPMA 包覆的碳纳米管（CNT-pDOP-pSPMA）复合材料，制备过程见图4.20。通过与未修饰的环氧树脂及碳纳米管修饰的环氧树脂涂层的抗生物污损行为对比，发现阴离子型聚合物刷 pSPMA 借助其高度水化的特性，能明显降低舟形藻（*Navicula*.Sp）污损黏附行为。

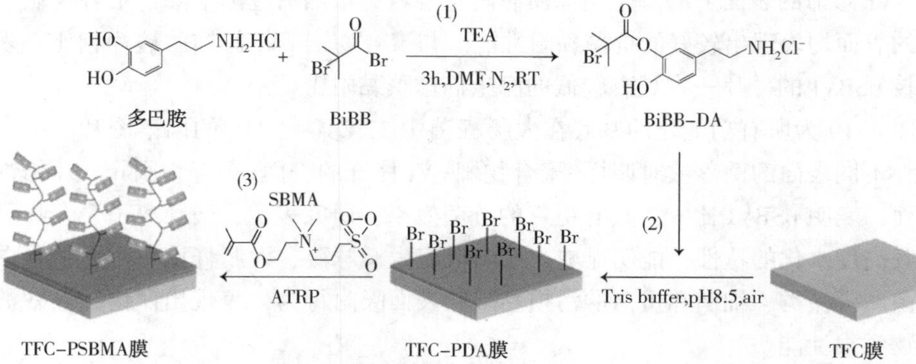

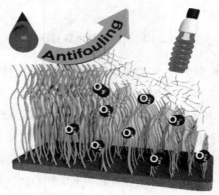

图4.20 在膜表面接枝两性离子聚合物刷层对 TFC 膜进行改性的示意图

为避免聚合物刷制备过程中水或脱气不充分对聚合物接枝的影响，Kuzmyn 采用表面引发的光诱导电子转移可逆加成-断裂链转移聚合方法将低聚（乙二醇）甲基丙烯酸酯（MeOEGMA）、*N*-（2-羟丙基）甲基丙烯酰胺（HPMA）和 CBMA 分别接枝到 Si 基底表面，示意图见图4.21。该方法的优势是基于聚合的光触发性质允许创建复杂的三维结构。抗蛋白吸附实验表明，当暴露于单一蛋白质溶液和复杂的生物基质（如稀释的牛血清）时，聚合物刷表现出优异的防污性能，蛋白质在各个聚合物刷表面的黏附情况见图4.22。

图4.21 表面引发的光诱导电子转移可逆加成-断裂链转移聚合制备聚合物刷

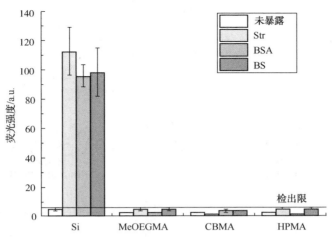

图 4.22　在 500~550nm 处，空白硅片、P（MeOEGMA）（厚度为 27nm）、P（CBMA）（厚度为 29nm）和 PHPMA（厚度为 26nm）分别在 Str-Alexa488（0.5mg/mL），BSA-Alexa488（0.5mg/mL）和 10% 稀释生物素化 BS 标记的 Str-Alexa488 溶液浸泡
前和浸泡后的荧光强度

　　为进一步探究聚合物刷厚度、接枝密度等因素对于微生物黏附行为的影响，Zhou 课题组制备了不同厚度的电中性聚合物刷［甲基丙烯酸-β-羟乙酯（HEMA）］和阴离子型聚合物刷 PSPMA。Zhou 课题组采用 SI-ATRP 在硅基底和金基底界面制备了具有不同厚度、接枝密度及图案化的 HEMA（甲基丙烯酸-β-羟乙酯）聚合物刷修饰基底，研究了界面亲水性特性及水化效应与牛血清蛋白（BSA）、绿藻 *Dunaliella tertiolecta* 和硅藻 *Navicula* sp. 的界面污损之间的关系。并通过海洋挂片进行了表征。同时研究了界面修饰聚合物刷溶胀行为、黏弹性及润湿性变化与界面修饰聚合物刷厚度及接枝密度的关系。不同厚度PSPMA 聚合物刷基底表面蛋白吸附情况见图 4.15，不同厚度 HEMA 聚合物刷基底表面蛋白吸附情况见图 4.23。HEMA 和 SPMA 均是亲水性化合物，就蛋白质、藻类等微生物在聚合物刷表面的黏附行为而言，不同厚度聚合物刷修饰基底及自组装单分子层均表现出不同的抗藻类黏附行为。研究结果表明，对于较大长度的聚合物刷或具有较高接枝密度的聚合物刷修饰基底，通过增加的构型熵效应及亲水聚合物链与水分子的氢键相互作用形成稳定的水化屏障层效应，有效避免了蛋白、藻类等微生物在基底的黏附，聚合物刷厚度与生物黏附行为关系示意图见图 4.24。

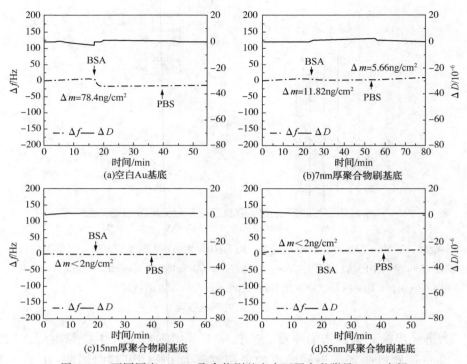

图 4.23　不同厚度 HEMA 聚合物刷基底表面蛋白黏附量 QCM 表征

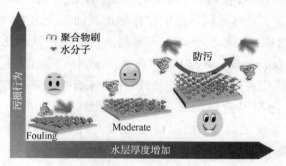

图 4.24　聚合物刷厚度与生物黏附行为关系示意图

Yu 等在嵌入引发剂的亲水性含聚(乙烯基吡咯烷酮)的(甲基)丙烯酸酯树脂聚(NVINyl 吡咯烷酮)丙烯酸酯树脂上通过亚表面引发的原子转移自由基聚合(SSI-ATRP)实现 PSBMA 层,通过反应时间控制 PSBMA 的厚度。通过测试纳米级蛋白质(牛血清白蛋白,BSA)、微型细菌[革兰氏阴性大肠杆菌(*E. coli*)和革兰氏阳性枯草芽孢杆菌(*B. subtilis*)]和硅藻(*Chaetoceros calcitrans*)等不同污染物的黏附性,研究了不同厚度的 PSBMA 接枝层的抗生物污染性能。结果表明,接枝1h时，纳米级蛋白质的最佳抗吸附厚度为2μm，而接枝4h时，微型细菌和硅藻的最佳抗黏附厚度为10μm，见图4.25。防止不同污染物黏附的最佳厚度差异可能是由于有效水化层和表面形貌的组合造成的。关于纳米级蛋白质，相对较薄的水合层可能能够提供有效的空间斥力，以抵抗纳米级蛋白质吸附。然而，对于防止微生物的黏附，可能需要一个相对较厚的表面水化层，这与高空间位阻和大规模结构相关。

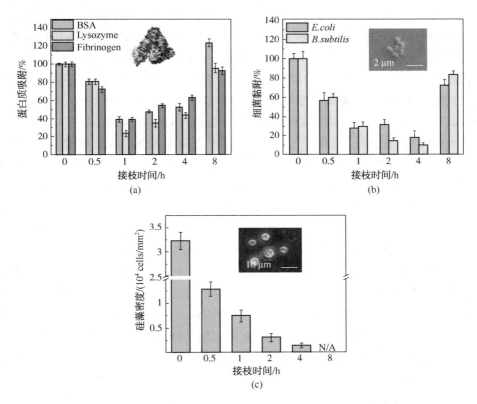

图4.25　(a)BSA、溶菌酶和纤维蛋白原吸附百分比；(b)细菌(*E. coli* and *B. subtilis*)黏附率；(c)在37℃温度下，不同接枝时间(0.5h、1h、2h、4h、8h)的
PSBMA接枝树脂表面的硅藻(*Chaetoceros calcitrans*)黏附密度
(a)和(b)中的y轴显示了当BSA吸附和细菌黏附到原始树脂上的相对数量为100%时，
吸附的BSA和附着的细菌的相对数量

4.3.2　多元组分聚合物刷改性表面设计及其防污性能研究

海洋生物污损是一个多尺度的复杂过程，其中主要涉及污损有机物与基底在

纳米尺度的异相相互作用。蛋白质吸附、藻类和细菌等微生物附着是生物污损的第一步,阻止该阶段的微生物黏附对防生物污损有着重要的作用。Chen 等人采用表面引发原子转移自由基聚合(ATRP)在偏氟乙烯(PVDF)薄膜表面接枝了甲基丙烯酸 2-(N,N-二甲氨基)乙酯(DMAEMA)和聚乙二醇单甲基丙烯酸酯(PEGMA)均聚物刷。动力学研究显示,PDMAEMA 和 PPEGMA 的接枝浓度随反应时间呈线性增加,表明表面的链生长与受控或活性过程相一致,接枝过程见图4.26。聚合物接枝后,PVDF 膜的接触角减小。蛋白质吸附实验表明,与原始PVDF 表面相比,PPEGMA 接枝 PVDF 膜和 PDMAEMA 接枝 PVDF 膜具有显著的防污性能。Xu 利用含有炔基和 2-溴丙酸基团的聚(Br-丙烯酸-炔)大分子剂将带有两亲性侧链的不对称聚合物刷(APB)[主要是基于聚丙烯酸酯-g-聚(环氧乙烷)和聚甲基丙烯酸五氟苯基酯][(PA-g-PEO/PPFMA)APB]锚定在表面上,设计了具有协同的防污和污损生物释放能力的表面。APB 表面的构象接近于栅栏状结构,该结构通过模仿润滑蛋白润滑素,赋予表面增强保护和抗黏附能力。APB表面不仅可以提供 PEO 和各侧链中氟化段的成分异质性,还可以提供高表面覆盖率。由于高分子刷的高接枝密度的特点,与对照样相比,栅栏状 APB 表面显示出优异的防污性能,蛋白质吸附(最多减少 91%)和细胞黏附(最多减少 84%)。

Sun 等人研究了含聚乙二醇侧链的不对称聚合物刷氟化侧链的链长对其防污性能的影响,采用顺序可逆加成-断裂链转移(RAFT)聚合和 ATRP 方法,首次合成了一系列由疏水性聚甲基丙烯酸五氟丙酯(PPTFMA)侧链和亲水性 PEG 侧链组成的不对称聚合物刷,然后将聚合物刷的溶液旋转涂覆到氧化铟锡(ITO)和SiO$_2$基板上,获得了不对称聚合物刷功能化的表面,见图 4.27。采用石英晶体微天平(QCM)考察了功能化表面 BSA 溶液中的防污性能,结果表明,不对称聚合物刷功能化表面具有较低的蛋白质吸附;用侧链较短的聚合物刷制备的膜具有较好的防污性能。

Huang 课题组将含杂侧链的两亲性不对称聚合物刷[侧链为疏水性聚苯乙烯(PS)和亲水性 PEG]通过旋转浇铸的方法涂覆到基底表面,合成过程见图 4.28。所获得的薄膜表面光滑,粗糙度小于 2nm。在暴露于选择性溶剂后,PEG 或 PS链在膜表面富集,具有刺激响应性。通过 QCM 定量分析蛋白质在 PEG 功能化表面上的吸附情况,结果表明,带有 PEG 链的两亲性聚合物刷膜可以降低或消除蛋白质与材料的相互作用,并抵抗蛋白质吸附,PS 侧链较短,亲水部分 PPEG-MEMA 含量较高,薄膜的防污性能会更好,薄膜对 HaCaT 细胞也有较好的抗黏附作用。

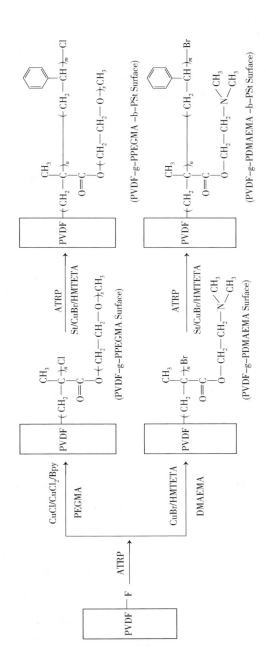

图4.26 从PVDF表面直接表面引发ATRP和从聚合物接枝PVDF表面引发嵌段聚合过程的示意图

107

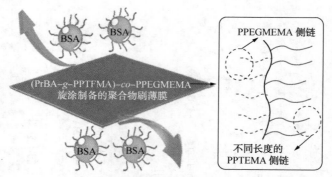

图 4.27　含氟不对称聚合物刷侧链防污表面示意图

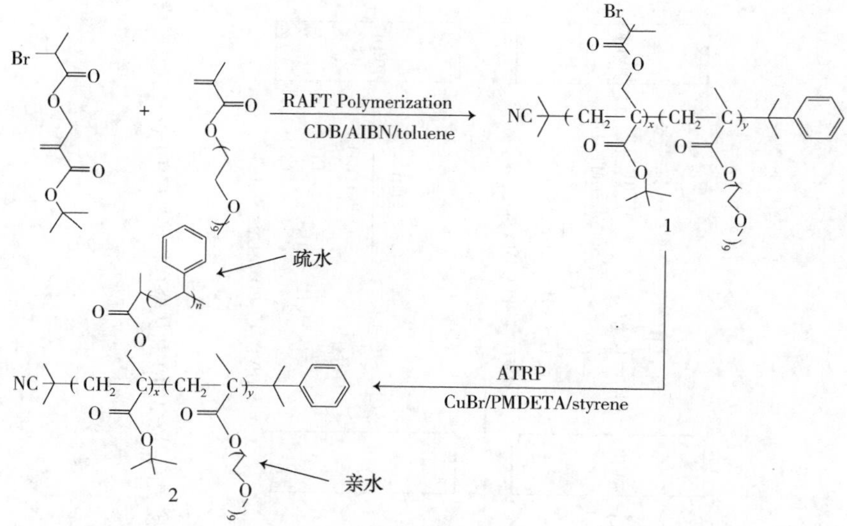

图 4.28　通过"grafting-from"合成两亲性不对称聚合物刷

(PtBA-g-PS)-co-PPEGMEMA 的技术路线图

Ye 等将寡聚乙二醇甲醚甲基丙烯酸酯(OEGMA)和全氟单体(NCA-F$_{15}$)聚合物刷分别通过 SI-ATRP 和 ROMP 方法接枝到基底上,获得了不同比例的二元组分功能化的表面,见图 4.29。通过藻类黏附实验发现,在静态人工海水环境中,表面聚合物接枝密度为 1∶1 时,小球藻和舟形藻的黏附密度最低;在动态人工海水环境中,小球藻在表面也较易脱落(图 4.30)。结合以上内容,得到以下结论,在动态人工海水环境中,小球藻在两亲性聚合物修饰的表面黏附力较弱,难以在表面附着,得到了两亲性聚合物刷修饰的表面可有效阻止海洋生物污损的结论。

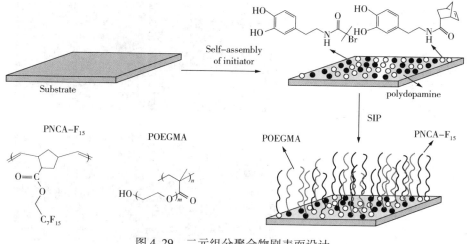

图 4.29　二元组分聚合物刷表面设计

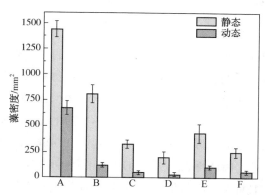

图 4.30　静态和动态人工海水环境条件下，小球藻在不同化合物修饰的表面的黏附密度

为进一步拓展聚合物刷的应用范围，Xu 在玻片（GS）上开发了具有可切换特性的精氨酸聚合物基涂层，以展示从抗菌（阳离子）到耐污染（两性离子）表面的智能过渡。通过表面引发可逆加成-断裂链转移（SI-RAFT）聚合，从 GS 表面接枝 L-精氨酸甲酯-甲基丙烯酰胺（Arg-Est）和 L-精氨酸-甲基丙烯酰胺（Arg-Me）聚合物刷。与空白 GS 和 GS-Arg-Me 表面相比，Arg-Est 聚合物刷功能化 GS表面表现出优越的抗菌活性。水解处理后，强杀菌效果转变为良好的抗 BSA 吸附、抗革兰氏阳性菌金黄色葡萄球菌和革兰氏阴性菌大肠杆菌的黏附，以及对双歧杆菌的黏附具有良好的抵抗力。此外，可切换涂层被证明具有生物相容性。在过滤海水中暴露 30 天后，还可确定可切换涂层的稳定性和耐久性，示意图见图 4.31。

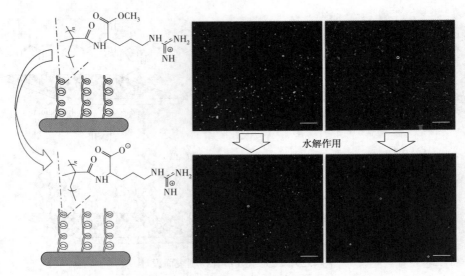

图 4.31　具有水解触发的从抗菌(阳离子)到防污(两性离子)
的可切换功能的精氨酸基聚合物刷涂层

之后 Xu 又设计了环境友好型具有可逆转变效应的多元聚合物刷。将 pH 敏感的聚(2-甲基丙烯酸二异丙胺乙酯)-b-聚(2-甲基丙烯酰氧乙基磷酰胆碱)(PDPA-b-PMPC)和阳离子聚赖氨酸(PLYS)接枝到单宁酸(TA)上,获得了 PLYS-TA-PDPA-b-PMPC,该物质可以通过 TA 的配位螯合作用"一步"固定在基质表面,从而赋予后者可切换的抗菌和防污功能。PLYS-TA-PDPA-b-PMPC 功能化不锈钢(SS)表面具有显著的抗菌活性(表皮葡萄球菌和大肠杆菌),以及对蛋白质吸附、细菌黏附和微藻(双歧杆菌)附着的抗性。抗菌和防污效果之间的可逆转换可根据周围环境的 pH 变化实现的。细菌黏附/沉积引起的 pH 值降低将抗菌聚合物刷涂料切换到具有"自我防御"(污损释放/自我清洁)能力的防污模式,转换机理见图 4.32。

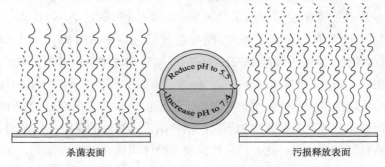

图 4.32　PLYS-TA-PDPA-b-PMPCpH 响应机制

110

4.4 水凝胶防污涂层

水凝胶作为一种特殊的软、湿材料，可通过物理或化学交联形成三维网络的高分子材料，含水率高达99%，其软、湿特性与生物组织有着相似之处，在组织修复与替代、仿生器件、智能材料等领域具有重要的应用前景。水凝胶的制备方法有许多种，主要分为化学交联和物理交联两种。通常化学交联水凝胶可由光、热以及辐射引发的自由基聚合方法制备，而物理交联水凝胶则利用非共价相互作用，如分子自组装、离子凝胶化、静电作用等来实现制备，如图4.33所示。水凝胶的聚合单体以及制备方法多种多样，通过分子与结构设计，制备满足不同需求的凝胶，是发展功能水凝胶材料的基础，一直受到学术界的重视。

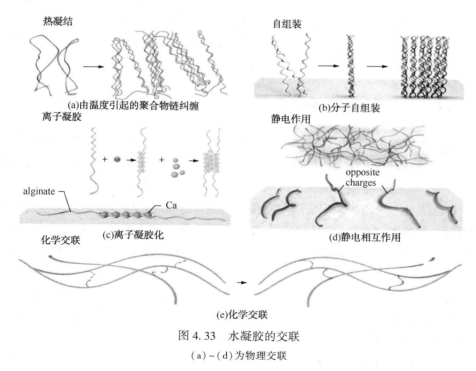

图 4.33　水凝胶的交联

（a）～（d）为物理交联

随着研究不断深入，对材料性能的要求越来越高，单一化学交联的凝胶体系结构单一，缺少能量耗散机制，强度和韧性较差，限制了其实际应用和功能开发。近年来，研究人员致力于开发一系列各具特色的新型高强韧水凝胶体系，例如双网络水凝胶(DN)、纳米复合水凝胶(NC)以及双交联水凝胶，其优异的机械性能源于网络中引入的牺牲键在断裂过程中可以有效地耗散能量。为了满足更多的功能化需求，研究人员开始寻求拥有特殊结构的凝胶材料，如各向异性凝胶、多孔凝胶、梯度凝胶等，在智能驱动、细胞支架、生物润滑等领域展现了重要应用。

4.4.1   水凝胶涂层防污机理

防污涂层表面的自由能是影响微生物附着在表面的主要因素。低表面亲水性表面附着力较弱，容易清洁，所以低表面亲水性表面附着的细菌较少。在海洋环境中，亲水性表面特征的差异会影响污损生物与表面的黏附强度。驻留在防污涂料中或渗透到防污涂料中的水分子可以通过亲水性材料的氢键或两性材料的离子溶剂化形成"表面结合"水。表面由高度水化的化学基团形成的水层对污损和损伤形成物理和能量屏障，防止蛋白质吸附在表面。同时，表面的柔性链结构会对表面附近的蛋白质产生空间排斥作用，两者结合可以达到最佳的防污能力。因此聚合物水凝胶具有超亲水特性和更好的防污性能。

4.4.2   水凝胶防污涂层应用

制备水凝胶生物防污材料的方法主要有两种：一种是通过化学嫁接把凝胶分子固定在材料表面，在变性材料表面形成水凝胶。第二，在凝胶聚合物中加入涂料中，经过凝胶聚合物的溶解或渗出过程，在材料表面形成水胶。

聚乙二醇、聚乙烯醇等凝胶与海洋动物皮肤的黏液相似，科研人员模仿鲨鱼皮表面，制备了一系列的防污涂层。例如，聚乙烯醇具有抑制黏贴藤壶的效果。聚乙二醇凝胶对幼虫、硅藻、海洋细菌具有很好的防除效果。中国船舶工业7525研究所将聚丙烯化学改性与有机硅树脂结合起来，制成了聚丙烯酰胺功能防污材料。该材料浸泡在海水中，在涂层表面制造聚丙烯酰胺凝胶，模拟鲨鱼皮肤黏液分泌行为。在水环境介质的作用下，聚丙烯酰胺微凝胶不断流失，聚丙烯酰胺继续迁移溶解于材料中(图4.34)。防污性能结果显示，相对于低表面能有机硅材料，该材料对硅藻附着的抑制率提高，贻贝足丝的附着数量减少防污评价结果显示，相对于低表面能有机硅材料，该材料对硅藻附着的抑制率提高了55%，贻贝足丝的附着数量减少了50%以上。

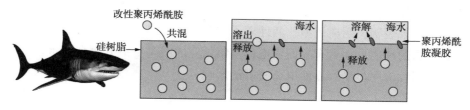

图 4.34　聚丙烯酰胺功能性仿生防污材料示意图

Ekblad 等对聚乙二醇水凝胶涂层进行了抗蛋白性能测试，污损生物在涂层表面的黏附示意图见图 4.35。对藤壶幼虫、藻类游动孢子、硅藻等广泛多样的海洋和淡水污损生物群体在涂层表面的黏附情况进行了测试。生物学结果表明水凝胶涂层在微生物黏附和去除方面表现出优异的防污性能。Lundberg 研究了基于 PEG 的光固化硫醇烯水凝胶涂料在海洋防污中的应用。发现可以通过改变 PEG 的长度、乙烯基端基和硫醇交联剂，有效地完成具有不同结构组成的水凝胶涂层的构建。用细菌、硅藻和藤壶进行防污性能评价，在所有测试结果中，长链的 PEG 具有优异的防污性能。Lei 等详细研究了大分子引发剂在膜表面的吸附作用，通过光引发原位接枝和交联共聚的方法在聚酰胺复合膜上制备了水凝胶涂层。结果表明，与原始膜相比，水凝胶改性薄膜具有优良的防污性能。

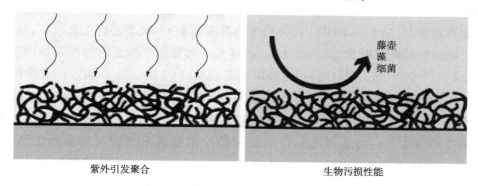

图 4.35　含聚乙二醇的水凝胶表面的防污性能

Buzzacchera 通过"grafting from"方法在壳聚糖水凝胶表面接枝低聚（乙二醇）甲醚-甲基丙烯酸甲酯和 2-羟乙基甲基丙烯酸甲酯的聚合物刷，有效提升了壳聚糖水凝胶涂层防污性能。Yang 等通过室温自由基聚合制备了不同界面电荷特性的亲水性聚乙烯醇（PVP）互穿聚合物网络结构，结构式见图 4.36。分别研究了静态生物污损条件下界面亲水效应与电荷协同的抗绿藻及硅藻微生物污损行为，最后通过海洋挂片的方式对实验结论进行验证。通过对亲水界面电荷效应与微生物黏附之间相互作用关系的讨论，提出具有增强界面水化效应的电荷组分筛选基本规律。结果表明，阴离子型、两性离子型及电中性组分可明显改善亲水界面抗微生物黏附的性能；而具有界面正电荷富集效应的阳离子组分复合亲水界面，其微生物黏附性能明显受到界面电荷密度的影响。

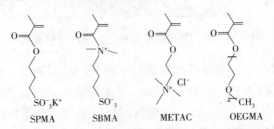

图 4.36　具有不同电荷效应官能团的活性组分化学结构

　　Zhang 受水生生物皮肤的启发，通过自由基聚合，开发了一系列具有自分泌特性的互穿聚合物网络(IPN)，其中包含两性离子 3-[[3-(三乙氧基硅基)-丙基]氨基]丙烷-1-磺酸纳米粒子和润滑剂。这两种成分使水凝胶具备准静态防污和动态污损释放特性，保证了它们的广谱应用。结果表明，两性离子修饰的纳米颗粒不仅提高了互穿网络的力学性能，而且改善了其静态防污性能，防生物污损效率达到 95% 以上。同时，由于嵌入了润滑剂成分，IPNs 界面具有良好的污损生物释放能力(60%~80% 以上的污损生物释放效率)和显著的自更新特性，这表明生物材料的界面附着力较弱。Feng 通过 Cu^{2+} 和邻苯二酚之间的配位作用，采用聚(多巴胺-甲基丙烯酰胺-丙烯酸甲氧基乙酯)[P(DMA-co-MEA)]改性聚乙烯醇/甘油湿黏合剂-单宁酸/Cu^{2+}(PVA/Gly-TA/Cu^{2+})水凝胶制备了透明的 Janus 水凝胶。即使涂上黏合剂，样品仍保持良好的透光性。Cu^{2+} 的存在赋予水凝胶更好的拉伸强度，同时通过与黏合剂的配位作用提高水凝胶与基体的黏附力。Janus 水凝胶的拉伸应力甚至可以达到 4.4MPa，在海水中的黏附强度可以达到 14kPa 左右。此外，富含 Cu 的 Janus 水凝胶对表面藻类的生长具有显著的抑制作用，防污性能见图 4.37。同时 Janus 水凝胶具有水下疏油特性，在水下的油接触角高达 148°。水凝胶被重新包裹后，水凝胶表面的藻类密度较低，透明度变化不大，新型 Janus 水凝胶有望成为解决光学设备面临的海洋污染问题的一种有前途的保护材料。

　　为提高亲水性防污表面黏附强度低、表面覆盖不均匀和耐久性差等问题，Yang 设计了一种可涂防污水凝胶涂层，制备过程及防污原理见图 4.38。首先，丙烯酸基团作为环氧固化剂，然后作为锚固点，通过随后的光引发自由基聚合将

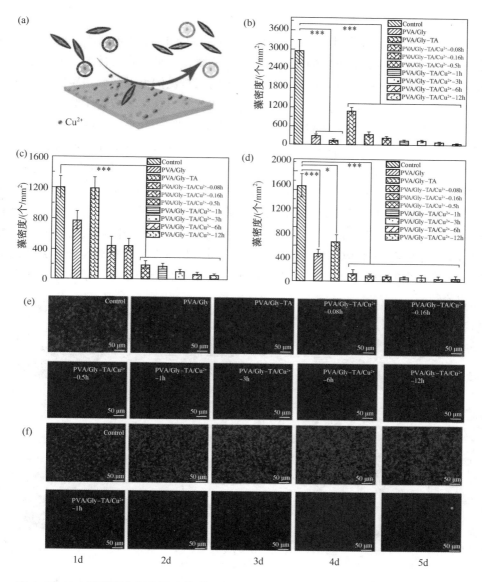

图4.37 （a）黏附型水凝胶阻止海洋生物附着的机制。与不同样品孵育1天后，样品表面上的（b）*Amphiprion* sp.、（c）*Navicula* sp. 和（d）*Porphyridium* sp. 的密度以及（e）*Amphiprion* sp. 在样品表面的分布情况。（f）用玻璃（上图）和水凝胶（下图）孵育1~5d 的 *Amphiprion* 藻的密度

P 值：$0.01 < *P < 0.05$，$0.001 < **P < 0.01$，$***P < 0.001$；

所有值均表示为平均值±标准差，$n = 11$

中涂层与水凝胶结合起来，提高水凝胶与基底的结合力。第二，水凝胶通过丙烯酸封端的四臂聚乙二醇（四臂 PEG-ACLT）交联由聚丙烯酰胺制成，具有高度亲水性，可抵抗蛋白质和多糖的污染。聚丙烯酰胺在海水中是惰性的，而聚乙二醇通常可被海洋微生物降解。因此，调整它们的相对比例可以微调水凝胶的许多重要物理性质，比如杨氏模量、溶胀率和降解速度等。这些参数对于防污和生物污损释放都很重要。此外，四臂 PEG-ACLT 含有额外的酯键，可在海水中缓慢水解，实现水凝胶表面的自抛光性能。最后，高分子量的 PEG 分子使水凝胶前体溶液具有足够的黏性，可用于涂抹。前体溶液可以均匀地挂在中间涂层表面（中间层的设计见图 4.39），通过紫外光诱导聚合形成水凝胶涂层。获得的水凝胶涂层均匀、杨氏模量相对较低，表面覆盖致密，因此对各种蛋白质、多糖、海藻和油表现出优异的防污性能。此外，这种水凝胶涂层在海水中降解缓慢，有助于释放污染的生物分子和生物体。考虑到良好的防污和污损生物释放性能、方便的涂层工艺和高附着力，这种新型可涂防污水凝胶涂层有望广泛应用于海洋防污和其他相关领域。

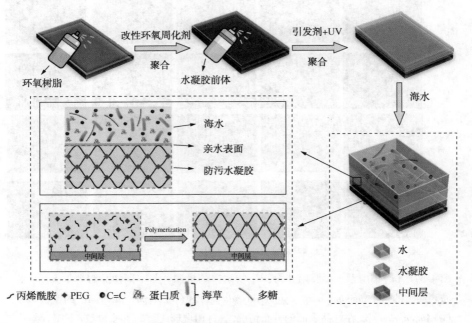

图 4.38 防污水凝胶和防污原理示意图

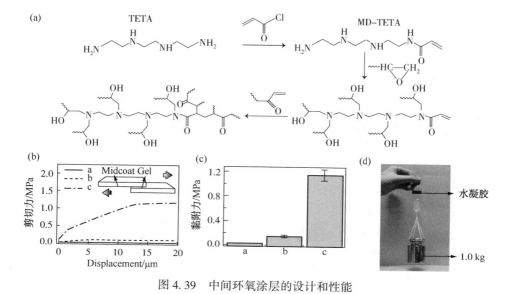

图 4.39　中间环氧涂层的设计和性能

第5章

海洋微生物防腐技术的应用

　　微生物活动引起的微生物腐蚀现象是海洋腐蚀的典型特征之一。海洋微生物腐蚀和生物污损是相互关联的。海洋微生物在材料表面黏附而形成生物膜，进一步形成复杂的微生物生态群落，改变了界面的表面化学性质。微生物腐蚀几乎无处不在，水环境、油气井、输电线路等均存在该现象，尤其是海洋周围的基础结构，比如码头、港口、钻井平台等受到严重的腐蚀，造成巨大的经济损失和安全问题。据统计，全球每年因腐蚀造成的经济损失约占 GDP 的 3%，其中 20% 是由微生物腐蚀导致的，因此，研究微生物腐蚀的机理和防腐技术具有重大战略意义。

5.1　微生物腐蚀

　　当清洁基底进入海水时，微生物优先在基底表面附着，经过一段时间后形成一层生物膜，为后续动植物的黏附提供有利条件。同时，生物膜内微生物的新陈代谢活动改变了生物膜内的环境(例如电解质的组成、浓度、溶解氧含量、pH 值等)，使其与外界环境不同，影响了材料表面的阴、阳极分布和阴、阳极反应过程，进一步改变了材料的腐蚀速度并导致局部腐蚀的产生，这种受微生物影响的金属和合金的腐蚀称为微生物腐蚀(Microbiologically Influenced Corrosion，简称 MIC)。比如钢铁锈层的形成，就是微生物细胞外矿化的结果。生物膜通常由多种细菌组成，可能包括真菌、藻类、原生动物、细胞渗出物/胞外聚合物基质(EPS)、腐蚀碎屑和副产品，其中，EPS 占比高达 90%。EPS 可帮助细胞之间或细胞与其他颗粒结合，并黏附在基底上。EPS 还可以控制基质生物膜的界面化学性质，调节生物膜内的凝聚力和生物膜的稳定性。

118

目前，主要影响金属材料腐蚀的微生物有：细菌、真菌、藻类等微生物。细菌主要是：硫酸盐还原菌（Sulfate-reducing Bacteria，简称 SRB，为厌氧菌）、铁氧菌（Ferrite bacteria，为嗜氧菌）、产酸菌（Acid-producing Bacteria）、产黏泥菌（Slime-producing Bacteria）、产氨菌（Ammonium-producing Bacteria）等。

硫酸盐还原菌（SRB）是一种严格厌氧菌，比如沙门菌属、变形杆菌属等，能够把 SO_4^{2-} 还原成 S^{2-} 而自身获得能量、在生理和形态上完全不同的多种细菌的统称，几乎对所有的金属和合金（钛合金除外）的腐蚀都能产生影响，如碳钢、不锈钢、镍及其合金。

产酸菌比如产氢产乙酸细菌（互营单胞菌属、梭菌属）、硝化细菌、硫细菌等，能够将可溶性硫化物或氨转变为硫酸或硝酸，导致材料局部的 pH 值降低，从而加速金属的腐蚀。产黏泥菌也是海水中数量较多的一类细菌，代谢产物为一种胶状的、附着力很强的沉淀物，该代谢产物附着在金属或合金的表面，会形成差异腐蚀电池而导致局部腐蚀。产氨菌能够产生 NH_4^+，主要影响铜和铜合金的腐蚀过程，会大大提高铜合金应力腐蚀开裂的敏感性。

但在实际的天然环境中，不存在只有单一细菌的环境。不同微生物对金属材料腐蚀速度的影响不同，可能加速，可能减缓，也有可能无影响。在自然环境中微生物之间也存在竞争关系，比如生活习性与 SRB 相似但生长代谢不产生 H_2S 的微生物，会与 SRB 争夺营养生存空间，进而对 SRB 的生长产生影响或抑制；或者某些微生物的代谢产物抑制 SRB 的活性，比如环境中硝酸盐浓度高时，硝酸盐还原菌会抑制 SRB 的生存，进而影响金属材料的腐蚀进程。但当微生物成为影响腐蚀速率的主要因素时，腐蚀通常更趋局部化和更高的腐蚀穿孔速率。在目前的科研工作中，多以 SRB 为考察对象用以金属材料腐蚀情况的研究。

藻类微生物的附着也会改变金属材料表面的化学性质，促进金属材料腐蚀的发生，比如小球藻，在光照充足的环境中，能显著促进碳钢材料点蚀的发生，加速材料失效。

5.2　常用的防腐技术及作用机制

5.2.1　物理方法

和物理的防污方法类似，减轻 MIC 也是通过机械力来去除生物膜，并且不仅限于清管，还有采用紫外线辐射和使用超声波等方法。

5.2.1.1 清管

清管器是一种工具，用于清洗含油气管道。清管器在管道清洁和检查方面效果良好。如果管道内形成生物膜，清管可以将其刮出，但不能清除所有的细菌，细菌可能会生长并再次形成生物膜。在管道有凹坑的地方，清管器的刷子无法穿透凹坑内部有效地清洁管道。虽然清管是管道检查和清洁的推荐无损技术，但它仍然不是预防 MIC 的理想方法。此外，还可以用高压水枪等设备对船体进行机械清洗，直接清楚船只表面的腐蚀产物。

5.2.1.2 紫外线照射

紫外线辐射处理，破坏微生物的 DNA 从而杀死微生物，使其不能产生导致腐蚀的代谢产物。虽然紫外线显示出很高的杀灭效率，但它只适用于直接暴露于辐射的表面，在长管道中很难实现。紫外线会被一些微生物阻挡，从而导致效率较低，因此使用更高功率的紫外线，才能达到较高的杀死率。据报道，一些微生物不受紫外线辐射的影响。

5.2.1.3 超声波

几十年来，人们已经认识到超声波可以破坏微生物的细胞壁和细胞膜。超声波的机理是，它在管道中施加声压(Pa)并随后在液体中产生空化处理过的气泡。这些空化气泡不稳定，在崩塌时，会增加数百个大气压的压力，并且温度在数千度左右，进而破坏细菌原生质的胶体状态，从而使细菌裂解。研究表明，超声波的杀灭效率大于 99%。但是，产生的气泡可能损坏基底表面，加剧缝隙腐蚀。

5.2.2 化学方法

这里的化学方法主要是指通过在船舶表面添加杀菌剂或抑菌剂的方法，保护船体免受微生物腐蚀。杀菌剂是用于终止微生物影响腐蚀最有效的化学药物，主要分为两种类型：氧化性杀菌剂和非氧化性杀菌剂。氧化性杀菌剂，如二氧化氯、臭氧、次氯酸及其盐类、三氯异三聚氰酸、高铁酸钾等，可以穿透和破坏细胞，通过细胞中的代谢酶将细胞氧化为二氧化碳和水。在应用过程中，残留氯含量一般控制为 $0.1 \sim 1\mu g/g$。铬酸盐加入量约为 $2\mu g/g$ 时可有效抑制硫酸盐还原菌的生长，硫酸铜等铜盐则用于抑制藻类生长，在我国油田早期应用较为广泛，但该类杀菌剂受环境影响较大，并对设备造成一定的腐蚀。而非氧化性杀菌剂，如氯酚类、戊二醛、氯化烷基三甲胺、烷基二甲基苄基氯化铵、氯化十二烷基二甲基苄基氨等，可以吸附在金属基底表面，和氧化性杀菌剂一样可以穿透和破坏细胞膜。部分杀菌剂的结构式见图 5.1。

在实际应用中，杀菌剂一直是防止 SRB、IOB(铁氧化菌，Iron oxidizing bacteria)等微生物腐蚀的主要方法。油田中常用的季铵盐类杀菌剂有：十二烷基二甲基苄基氯化铵、Gemini 型杀菌剂、双咪唑啉环的溴化季铵盐、十二烷基三甲基氯化铵等。季铵盐的杀菌作用在第 3 章已经阐明，这里不再赘述。十二烷基二甲基苄基氯化铵，又名苯扎氯铵(BKC)，是一种典型的季铵盐类杀菌剂，当其浓度为 40mg/L 时，就具备杀菌效果，浓度升高一倍时，油田采出水中检测不到 SRB 的存在。Gurbunova 等合成了无毒

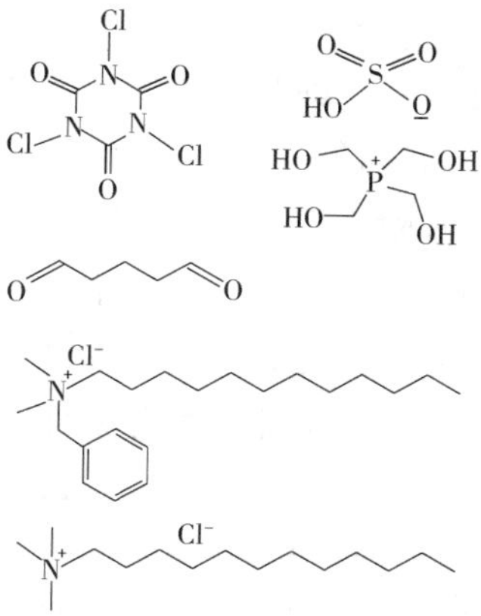

图 5.1　部分常用杀菌剂的结构式

且水溶性良好的新型银基含胍纳米复合物杀菌剂，能够有效杀灭革兰氏阳性菌和革兰氏阴性菌。陈刚等合成了对 SRB 有着显著抑制作用 5-(呋喃-2)-3-苯基异噁唑化合物，该化合物添加浓度为 50mg/L 时，对 SRB 的抑制率可达 70%以上。

无论哪种杀菌剂都应避免长期单一使用，因为单一杀菌剂的长期使用会使微生物产生耐药性，进而杀菌性能降低，因此科研人员研发了双子杀菌剂或者杀菌剂复配。双子杀菌剂是由两种传统杀菌分子结合而成的，除杀菌性能提升外，水溶性也得到提升，具备一定的广谱性。双咪唑啉双季铵盐缓蚀剂氯化 1,2-二(N-苯基-N-氨乙基咪唑啉)乙烷(PIM-2-IMP)就是一种双子杀菌剂，还具备一定的缓蚀性能。复配型杀菌剂不是简单将两种或两种以上的杀菌剂混合，还需额外添加一些能够增加杀菌效果的成分，比如增效剂、渗透剂等。Okoro 发现杀菌剂四羟甲基硫酸磷(THPS)在较低浓度时只对部分细菌的生长有抑制作用，接着王晶等将甲醛和 THPS 进行复配，提高了杀菌剂的广谱性。虽然杀菌剂使用简单，但杀菌剂的使用有时会导致结构材料出现后续腐蚀问题。杀菌剂价格昂贵，而且对环境非常不友好。

5.2.3　缓蚀剂

添加缓蚀剂是减缓金属腐蚀最有效的手段之一。尤其是多种缓蚀剂同时运用，不仅可以抑制微生物腐蚀反应发生，还可以清理腐蚀产物。缓蚀剂的添加量一般为 0.1%~1.0%。

目前关于缓蚀剂防护机理的解释主要有三种：一是，缓蚀剂与金属作用形成

钝化膜，或者与介质中的离子发生反应在金属表面形成沉淀膜，减缓金属材料的腐蚀进程，即为相膜理论；二是，缓蚀剂阻碍了电极上的反应过程，即为电化学理论；三是，缓蚀剂在金属表面吸附，形成吸附膜，减缓金属材料的腐蚀速率，即为吸附理论。以上三种关于缓蚀剂防护机理的解释存在一定的内在联系，而且缓蚀剂种类繁多、结构不尽相同，作用机理也不同。因此在实际应用或科学研究中，要全面考察缓蚀剂的种类和性质，进而确定其防护机理。

季铵盐类化合物除前面章节讲述的优良的防污性能以外，还具备一定的缓蚀作用。季铵盐类杀菌剂是最常用且最有效的阳离子型杀菌剂。它的缓蚀作用主要来自物理吸附和化学吸附：一方面，季铵盐分子中的含氮官能团显正电性，可以通过静电作用或范德华力吸附在金属材料表面，该过程是可逆的物理吸附；另一方面，季铵盐化合物（主要是含 N、S、P、O 的极性基团）通过电荷转移或电荷共享的方式与金属材料表面形成牢固的配位键，该过程是不可逆的化学吸附，通过该作用降低金属材料的腐蚀速率。几十年来，越来越严峻的井下条件要求在石油生产中使用更优质、更便宜的缓蚀剂（CIs）进行酸化。在相对较低浓度下表现出令人满意的保护能力的抑制剂是该领域大多数学者非常感兴趣的。

为了提高不锈钢（SS）的防污和防腐性能，Zhang 通过 ATRP 的方法，在钢表面引入聚[2-（二甲基亚氨基）]甲基丙烯酸乙酯（DMAEMA）和交联剂聚（乙二醇）二甲基丙烯酸酯（PEGDMA），然后 PDMAEMA 链发生 N-烷基化反应，在表面引入高表面密度的带正电季铵盐，制备过程见图 5.2。交联聚阳离子刷功能化的钢表面表现出较强的防污能力，可防止双歧杆菌（*Amphora coffeaeformis*）附着和藤壶的黏附，并考察了对海洋细菌假单胞菌（*Pseudomonas sp.*）的防腐性能。在无菌和假单胞菌存在的条件下，分别培养 7 天、14 天、21 天、35 天，然后采用电化学工作站进行防腐性能测试，获得了对照样和改性样品的 Tafel 曲线，通过对 Tafel 曲线进行分析，获得了不同体系的腐蚀电位（E_{corr}）和腐蚀电流密度（i_{corr}）。对照样暴露在假单胞菌属细菌的培养基中 35 天后，i_{corr} 值高达约 $12.85\mu A \cdot cm^{-2}$，腐蚀显著加速。而接枝了聚合物刷的钢表面，表现出良好的防腐和保护能力，能够抵抗假单胞菌引起的腐蚀。同时，SS-g-QCP（表面的 PEGDMA 和 DMAEMA 交联）试样的 i_{corr} 值比 SS-g-QP（表面的 PEGDMA 和 DMAEMA 未交联）试样低 1.2 倍，表明在 PDMAEMA 中加入 PEGDMA 交联剂可显著提高 SS 表面抗海洋好氧假单胞菌生物腐蚀的防腐性能。此外，SS-g-QCP 试样的 *IE* 值（缓蚀效率）在整个暴露期内保持在 90% 以上，且始终大于相应 SS-g-QP 的 *IE* 值。这些实验结果证实交联阳离子聚合物刷具有更好的防腐性能。

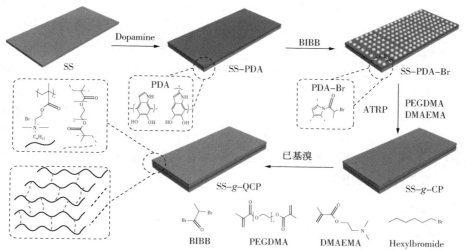

图 5.2 通过多巴胺自聚合和 TEA(三甲胺)催化的 2-溴异丁基溴在钢表面上的缩合
反应引入引发剂位点,通过 SI-ATRP 方法接枝 PDMAEMA 以生成 SS-g-CP 表面,
以及 PDMAEMA 接枝表面的 N-烷基化以生成抗菌 SS-g-QCP 表面的过程示意图

Han 采用电化学方法和失重法研究了咪唑啉季铵盐(IM)和苯并三唑(BTAH)
(具体结构式见图 5.3)两种表面活性剂在酸性溶液中复配对 L245 钢缓蚀性能的
影响。研究表明,随着缓蚀剂浓度的增加,缓蚀速率值减小,缓蚀效率值增大,
缓蚀剂混合物的最大缓蚀效率为 88.4%。这些缓蚀剂的吸附遵循 Langmuir 等温
线,BTAH 分子主要通过物理化学作用吸附在金属表面,而 IM 和缓蚀剂混合物
则通过化学吸附。IM 缓蚀剂的缓蚀性能优于 BTAH 缓蚀剂。IM 和 BTAH 缓蚀剂
混合物对 L245 钢在溶液中的腐蚀表现出良好的协同缓蚀效果,共混吸附抑制剂
混合物在金属表面的电荷转移和成键性能得到了改善。共混体系内的剑和作用增
强,在基底的吸附作用优于单一组分。总的来说,在含有缓蚀剂混合物的溶液
中,金属基底表面得到了很好的保护,两种表面活性剂表现出协同缓蚀性能。

Tian 采用季铵盐(二甲基十八烷基[3-(三甲氧基硅基)丙基]氯化铵
(TPOAC))对二维材料氧化石墨烯(GO)进行改性,然后将其引入水性环氧树脂
(WEP)涂层中,以提高铝合金基片上 WEP 涂层的耐腐蚀性。在该研究中,TPOAC 作为改性剂不仅提高了 GO 与聚合物涂层的相容性,而且复合 WEP 涂层更加致密,涂层内部缺陷大大减少。将样品在质量分数 3.5% NaCl 溶液中浸泡

图 5.3 (a)IM 和(b)BTAH 的
分子结构式

30 天，考察 WEP 涂层的耐腐蚀性。因空白 WEP 涂层在实验过程中，涂层中的水分挥发导致留下的两组分不相容，产生空隙，在扫描电镜下表现为针状孔，腐蚀介质通过空隙与金属表面接触，进而导致金属材料发生腐蚀，随着时间推移，WEP 涂层的耐腐蚀性在浸泡期间迅速衰减。对于添加量质量分数为 0.7% TGO/WEP 的试样而言，GO 改性后与涂层的相容性提高，分散较均匀，降低了涂层的内部缺陷，也改善了季铵盐在涂层内的分散情况，并且 GO 结构具有一定的阻隔作用，延长了腐蚀接枝的传播路径(涂层的腐蚀防护机制见图 5.4)，因此在实验过程中，涂层表面形貌没有明显变化，这表明在长期的服役过程中该复合涂层能够对金属基材起到稳定的保护作用。

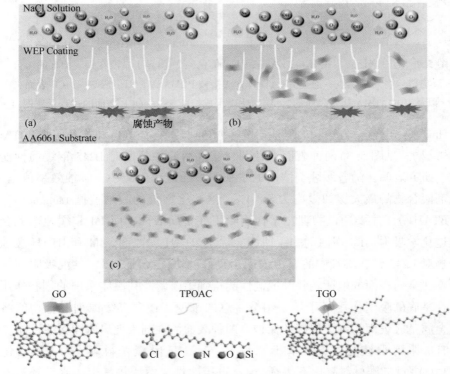

图 5.4　(a)WEP、(b)GO/WEP 和(c)TGO/WEP 的防腐机理图

Xia 等将丙烯酸甲酯与烷基溴化吡啶共价连接，形成 N-烷基-3-(2-甲氧羰基乙烯基)溴化吡啶(MPA-n，N=8~14，分子结构见图 5.5)。采用电化学工作站，考察不同缓蚀剂的防腐性能。研究表明，空白 X70 钢和覆盖不同浓度 MPA-n 的 X70 钢的阴极和阳极 Tafel 曲线几乎平行，说明 MPA-n 在金属表面吸附不会

改变金属溶解和析氢反应的机制。随着 MPA-n 的浓度增大，X70 钢电极的腐蚀电流密度降低，说明缓蚀剂的保护效率增强，以 MPA-14 为例，当缓蚀剂浓度从 0 增加到 25mmol 时，电流密度从 $725.0mA \cdot cm^{-2}$ 降低到 $28.8mA \cdot cm^{-2}$，腐蚀抑制效率从 0 增加到 96.0%。随着烷基链的增长，缓蚀能力增强，依次为 MPA-14 >MPA-12>MPA-10>MPA-8。该实验结果与量子化学计算的结果相一致，（丙烯酸甲酯）MA 部分的 O 原子向铁的 d 轨道提供电子，吡啶的 p＊轨道接受铁的电子，MPA-n 吸附在铁表面，烷基链较长的 MPA-n 具有较高的 E_{HOMO}（最高占据分子轨道能量），较低的 $\Delta E(E_{HOMO}-E_{LUMO})$，较大的分子体积和偶极矩，说明烷基链越长，MPA-n 与金属表面形成的络合物分子稳定性越高，防腐性能越好，其缓蚀能力顺序与实验结果相同。

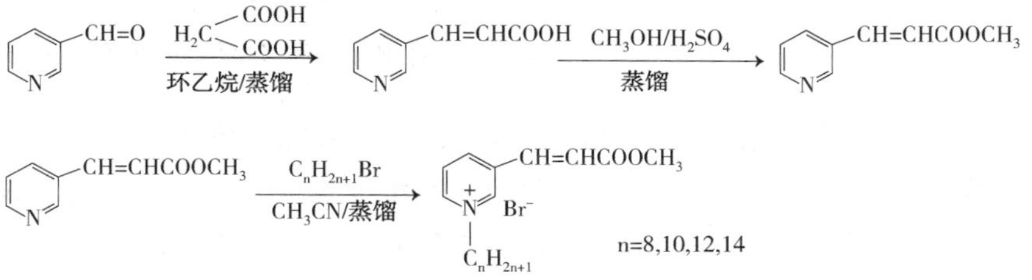

图 5.5　MPA-n 制备过程

Yang 基于传统的季喹啉盐制备了两种酸化顺式二聚吲哚嗪衍生物，结构式见图 5.6。吲哚嗪衍生物在浓盐酸（HCl）中单独使用时，即使没有任何增效成分，也能表现出良好的防腐性能。采用季铵化法合成了两种喹啉铵盐：乙酸乙酯氯喹（EAQC）和正丁基氯喹（BuQC）。之后，在碱的存在下，铵盐可以通过 1,3-偶极环加成反应以相对较高的产率容易地转化为相应的新型二聚体吲哚嗪衍生物。然后研究了季喹啉盐及二聚体吲哚嗪衍生物在浓盐酸中对 N80 钢的缓蚀性能。EAQC 和 BuQC 的结构与喹啉盐抑制剂非常接近，喹啉盐抑制剂通常用作商用酸性 CI 产品的关键成分。然而，在碱性条件下，EAQC 和 BuQC 很容易转化为具有一般"吲哚嗪"结构的二聚体吲哚嗪衍生物。这就是为什么目标分子被认为是"二聚体吲哚嗪衍生物"，这两种衍生物在大约 248℉的温度下具有良好的热稳定性，并且容易溶于酸性溶液。在 194℉和 248℉温度下，在 15%（质量）HCl 中进行失重实验，缓蚀剂的剂量范围为 0.01%～0.5%（质量），结果表明，原始喹啉盐及其二聚体衍生物之间的防腐效果存在惊人差异。与前体相比，这些衍生物可以在较低浓度下显著延缓钢的腐蚀。0.1%（质量）剂量的吲哚嗪衍生物可显著提高 N80 钢的抑制效率（IE），在 194℉时 15%（质量）HCl 中的抑制效率约为 99.0%。质量测试和电化学方法得到的结果非常一致，证实了衍生物的良好抑制作用。

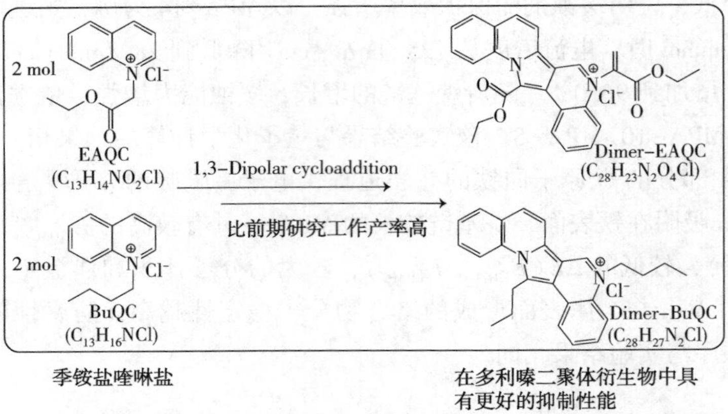

图 5.6　基于 EAQC 和 BuQC 的吲哚嗪衍生物二聚体 EAQC 和二聚体 BuQC 的制备方案

　　唐琴等考察了不同浓度的 1-异丙基咪唑和 1-乙基咪唑缓蚀剂对铜在 3% 氯化钠溶液中的缓蚀效率的影响，同样证明缓蚀剂浓度增大，铜的腐蚀抑制能力增强。而且含有直链烷基的 1-乙基咪唑的缓蚀效果优于支链位阻较大的 1-异丙基咪唑。两种缓蚀剂在金属表面的化学吸附活性位点均为 N 原子。田德道等人以月桂酸及二乙烯三胺为原料合成出咪唑啉中间体，经硫脲改性和复配后获得水溶性硫脲基咪唑啉缓蚀剂。通过动态挂片腐蚀实验发现，缓蚀剂对 X65 碳钢的缓蚀剂均高于 98%，在现场应用中，缓蚀剂可将平均腐蚀速率控制在 0.01559mm/a，具有良好的应用前景。符海东等合成了苯甲醛类三唑硫酮席夫碱，结构式见图 5.7。它可以吸附在碳钢表面，与金属形成配合物，降低碳钢的腐蚀速率，温度越低，缓蚀剂浓度越大，碳钢的腐蚀速率越小，缓蚀剂的缓蚀效果越好。有时使用一种缓蚀剂效果可能不好，可以将不同类型的缓蚀剂配合使用，能够显著提高防护效果。

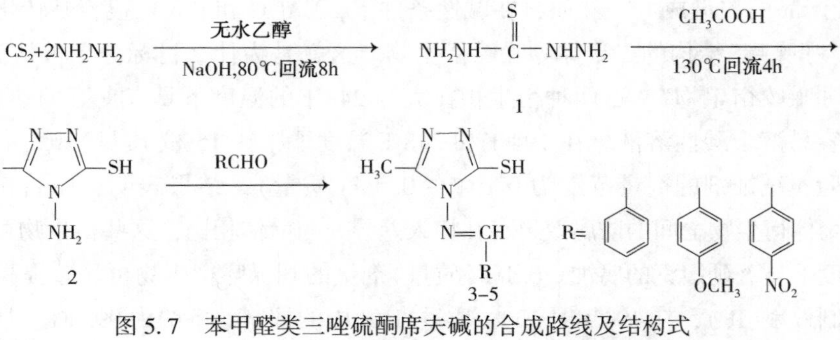

图 5.7　苯甲醛类三唑硫酮席夫碱的合成路线及结构式

Lv 等从含有反应性环氧基的硅烷化低碳钢(MS)表面进行了聚苯胺(PANI)的热固化反应,随后通过疏水性4-乙烯基苄基氯(VBzCl)进行热诱导使 PANI 的 N-烷基化以产生具备杀菌性能的官能团,具体制备过程见图5.8。研究了疏水性聚(乙烯基苄基氯)(PVBC)-季铵化聚苯胺双层涂层合成的 MS 试片对 SRB 产生的生物腐蚀的防腐和抗菌性能。抗菌试验结果显示,涂层表面细菌附着和生物膜形成明显减少。QPANI-PVBC 双层涂层具有很高的阻隔能力和耐腐蚀能力(抑制效率>97%),能有效阻止侵蚀性阴离子(例如 Cl⁻ 和 S²⁻)。

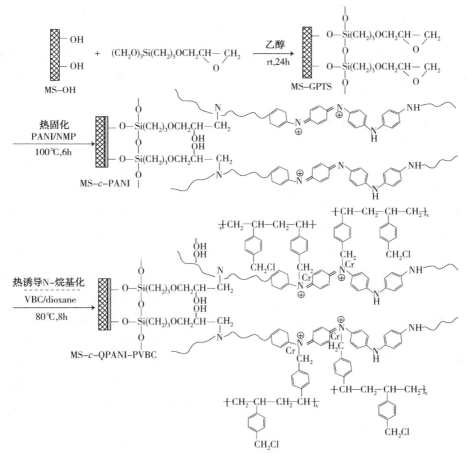

图5.8 羟基化低碳钢(MS-OH)硅烷化、热固化聚苯胺、
聚苯胺层热诱导 N-烷基化过程示意图

5.2.4　电化学方法

电化学方法优于化学方法，主要是通过对结构材料施加负电位（阴极保护）来保护材料不被腐蚀。在特定的工业应用中，它可以减少或防止任何金属/合金免受电解液的腐蚀。

电化学保护分为阴极保护和阳极保护。阴极保护的技术方法简单、投资少、效益高，对应力腐蚀、腐蚀疲劳等均有成效。对于埋地管道（线）、储罐、热交换器、海洋平台等采用电流阴极保护，使金属表面阴极极化，防止其表面发生腐蚀。

硫酸和废硫酸槽、碳化塔冷却水箱等则采用阳极保护法，使金属材料进入钝化状态，但该方法不适用于介质中含 Cl^- 的环境，因为 Cl^- 的存在会破坏钝化膜。

5.3　新型防腐技术的应用

最近，人们对海洋生物提出了许多担忧——传统防腐技术造成的污染和生态威胁。鉴于此，对于环境友好和无毒化合物的应用，而不是杀菌剂和有毒化学品的腐蚀防护，吸引了大量科研人员的兴趣。天然产物如动植物提取物、次生植物代谢物和生物活性微生物代谢物已被开发用于防腐。此外还有仿生结构、具有缓蚀效果的细菌等方法均用于防腐材料或技术的研发。对于海洋产业的可持续发展来说，长期有效的生态友好战略仍然是可取的。

一旦材料浸入海水中，有机和无机分子黏附在表面，导致各种细菌附着并形成生物膜，为微生物群落提供了一个特定的异质微环境。尽管许多来自不同环境的细菌被鉴定为对金属材料具有腐蚀性，但具有防腐效果的特定生物膜最近已被用于金属保护。与传统的防腐方法相比，活性生物膜在几个方面具有优越性。(1)生物膜本身起着物理屏障的作用，通过 EPSs 分泌聚合生物表面活性剂和生物乳化剂，来防止腐蚀剂（如 Cl^-）的扩散。(2) O_2 是造成金属表面腐蚀的主要因素之一，可能会通过微生物代谢而耗尽。(3)附着的细菌可以分泌杀菌剂，抑制引起腐蚀的微生物的存活。(4)可以分泌缓蚀剂（如酶和次生代谢物）来保护钢材表面。(5)生物膜也可以与无机物结合形成长期矿化层的物质保护海洋材料。因此，探索来自当地环境的生物膜腐蚀保护为海洋设施的高效和绿色保护提供了一个有希望的替代方案。

Li 等从海洋中提取分离了三种具有强生物膜形成能力的好养型海洋细菌，分别是中生韧皮杆菌 D-6（*Tenacibaculum mesophilum* D-6）、中生韧皮杆菌 W-4（*Tenacibaculum litoreum* W-4）和芽孢杆菌 Y-6（*Bacillus* sp. Y-6），通过生物膜表征、电化学测试、失重分析和腐蚀产物分析等过程，考察了三种细菌对 X80 管线钢的防腐性能。研究发现，这些细菌的缓蚀作用与其生物膜的形成能力密切相关。生物膜较厚的中生韧皮杆菌 D-6 的缓蚀效果最好，这主要是细菌分泌的胞外聚合物（EPSs）的缓蚀作用。因为 EPSs 的形成降低了阴极和阳极的腐蚀电流密度，同时阻止了腐蚀成分（比如 O、Cl⁻）向界面的扩散运动。EPSs 中的负电荷基团，比如多糖中糖醛酸的羧基、细胞外蛋白质氨基酸侧链的羧基和核苷酸中的磷酸残基等，会通过静电相互作用与金属表面氧化层中的金属阳离子结合（EPSs 与金属基底的结合作用见图 5.9），进而减少了阳极反应的发生。

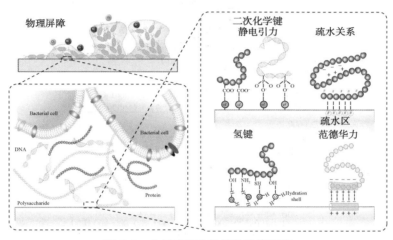

图 5.9　金属表面生物膜的防腐机理

　　Wang 将具有光动力疗法（PDT）功能引入无氟超疏水涂层中，获得的 Mg 基超疏水涂层的水接触角为 152.5°±1.9°，滞后接触角为 4.8°，满足 Cassie-Baxter 模型超疏水表面的要求。同时该涂层对于革兰氏阴性菌和革兰氏阳性菌的抑制率高达 96% 以上。此外，由于超疏水涂层独特的"固-液-气"界面，超疏水 Mg 的降解/腐蚀速率比为表面修饰的 Mg 降低了约 80%。在高腐蚀性中性盐雾试验中，超疏水 Mg 表面可保留 168h。

　　Oguzie 等研究了辣椒果实提取物（CF）的防腐和抗菌活性，提取介质分别为乙醇、甲醇、水和石油酒精。采用琼脂扩散法进行提取物对硫酸盐还原菌（SRB）、脱硫菌（Desufotomaculum sp.）生长情况的考察。结果表明，辣椒提取物可以有效抑制革兰氏阳性 SRB 和脱硫菌的生长，其中乙醇和石油酒精的提取物抑菌性能最佳。这两种溶剂提取物中的有效成分较多，比如生物碱(8.8%)、鞣质(0.4%)、皂苷(39.2%)等，可破坏细菌的生长和基本代谢功能。通过钢在1mol/L HCl 和 Fe/0.5mol/L H₂SO₄溶液中的阻抗研究发现，阻抗谱是一个半圆形(见图5.10)，说明提取物中的活性生物碱成分(辣椒素和二氢辣椒素)通过吸附在钢表面，阻止了腐蚀进程，同时提取物浓度越高，防腐效果越好。

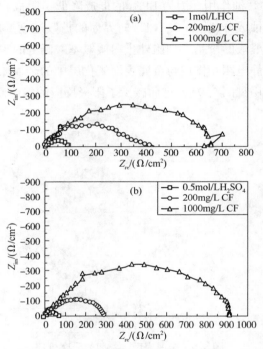

图 5.10   低碳钢在(a)1mol/L HCl 溶液和(b)0.5mol/L H₂SO₄
中的电化学阻抗谱(不含和含 CF 萃取物)

二维六角氮化硼(hBN)薄涂层因其与环境的弱耦合作用和化学惰性，具备优异的耐化学药品、微生物和耐热的能力。Chilkoor 等在不影响基底机械强度和钝化特性的基础上，通过化学气相沉积(CVD)的方法在铜表面制备了 hBN 的高结晶原子层，考察了 hBN 层数对防腐性能的影响。研究结果表明，hBN 具备一定的防腐能力，可使铜的腐蚀速率下降12倍。但原子层数的增加并不一定能提高涂层的防腐能力，原子层数的增加会影响涂层的表面形貌，进而影响细胞附着、生物膜生长。然后 Chilkoor 又通过低压 CVD 技术在铜表面沉积了单层石墨烯(SLG-Cu)，使表面微生物腐蚀速率降低了5倍，又继续沉积了多层石墨烯(MLG-Cu)，与单层石墨烯相比，腐蚀速率又降低了10倍，见图5.11。它们可以有效地限制侵蚀性代谢物向底层铜表面的扩散，并防止生物硫化物的侵蚀，但石墨烯原子层不会抑制细胞附着和生物膜生长。

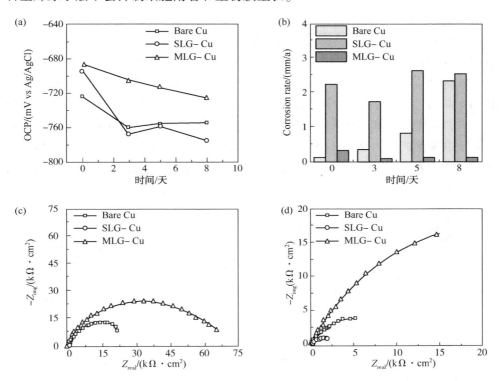

图 5.11　不同样品在脱硫弧菌(*Desulfovibrio alaskensis* G20，DA-G20)中培养不同时间的(a)开路电压和(b)腐蚀速率的时间变化趋势。在(c)第 0 天(浮游生物，t<2h)和(d)第 8 天获得的 Nyquist 图(测试条件：频率范围为 0.01 ~ 10⁵ Hz 的 10mV 正弦交流电压)

薛群基院士团队通过阳极氧化的方法在 TC4 合金表面进行刻蚀，在不同电压下获得了不同微纳结构的合金表面，并对微纳结构表面进行 1H、1H、2H、2H 全氟辛基三乙氧基硅烷(POTS)改性和注入聚全氟甲基异丙基醚(PFPE)，考察了电压对 TC4 合金防腐性能的影响。图 5.11 为不同样品的电化学阻抗谱和塔菲尔极化曲线。在图 5.12(a₁)中，与空白 TC4 合金相比，在 10V 下阳极氧化的 TC4 合金的阻抗增加了 1 个数量级，表明 TC4 合金的耐腐蚀性因阳极氧化膜对腐蚀介质的阻隔作用而提高。经过 POTS 改性后，样品表面疏水性提高，因疏水表面的拒水性，TC4 合金的阻抗进一步提高，尤其是注入润滑剂后，SLPS-10V 合金的阻抗比空白 TC4 合金的阻抗大 2 个数量级，因为疏水润滑层有效防止腐蚀介质的渗透。因此，通过阳极氧化、化学改性和注入润滑剂，有助于提高 SLIP-10V 合金的耐腐蚀性。塔菲尔极化曲线[图 5.12(b_1)]也显示了同样的结果，SLPS-10V 合金的腐蚀电位(E_{corr})比空白 TC4 合金高 0.523V，SLPS-10V 的腐蚀电流密度(i_{corr})比空白 TC4 合金低 2 个数量级。对于在 15V 和 30V 下阳极氧化的 TC4 合金而言，在 POTS 改性和注入润滑剂后，阻抗、E_{corr} 和 i_{corr} 的变化趋势与 SLPS-10V 合金相同，表明阳极膜、疏水表面和润滑剂层对提高合金的防腐性能具有协同效应。三种电压下的耐腐蚀性差异很小，表明润滑层在防止腐蚀介质中起到了重要作用。然而，在 NaCl 溶液中浸泡 10 天后，三种电压下制备的样品的耐腐蚀性降低，并且由于润滑剂的损失，三种电压下制备的样品的耐腐蚀性差异显著。在缓慢释放润滑剂的行为中，SLPS-30V 显示出最高的耐腐蚀性，并且大部分润滑剂仍保留在纳米管中。10V 电压下获得的合金的耐腐蚀性最低，但仍高于空白 TC4 合金。因此，电压对提高 TC4 合金的耐蚀性具有积极作用。

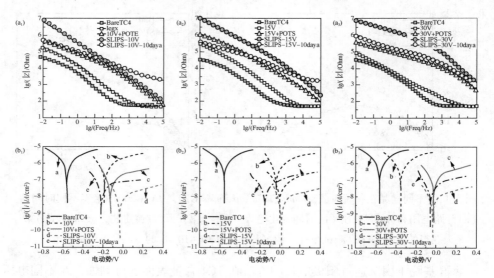

图 5.12　不同样品的电化学阻抗谱和塔菲尔极化曲线

总的来说，目前对于微生物腐蚀的防除并无特定的有效办法，通常采用涂层和阴极保护等常规的防护方法以提高防腐效率，一般采取多种联合控制措施。

（1）使用杀菌剂或抑菌剂

可根据微生物种类及使用环境而选择高效、低毒、稳定、价廉并且本身无腐蚀性的杀菌剂。例如，对于贴细菌等多种菌类可通氯杀灭。处理生物黏泥时，将杀菌剂、剥离剂及缓蚀剂等联合使用，以提高防腐效率。再则，使用多种季铵盐等非还原性杀菌剂。

（2）改变环境条件，抑制微生物生长

控制环境因素，改变微生物的生长环境，如减少细菌的有机物营养源，提高pH值(>9)及温度(>50℃)，常能有效地抑制微生物生长，或引入与腐蚀性微生物竞争关系的细菌，抑制原腐蚀性微生物的生长。

（3）覆盖防护层

在固体材料表面涂覆具备防污、防腐性能的有机涂层，阻隔腐蚀介质与基底的接触。

（4）采用电化学保护方法

阴极保护方法可用于埋线管道等设施，用于防止土壤等环境中的微生物腐蚀。例如，将土壤内钢铁构建的保护电位控制在$-0.95V$以下（相对$Cu/CuSO_4$电极），可有效地防止硫酸盐还原菌的腐蚀。

参 考 文 献

［1］ IMO. Study of greenhouse gas emissions from ships［J］. 2000：2-31.

［2］ Salta M，Wharton J A，Stoodley P，et al. Designing biomimetic antifouling surfaces［J］. Philosophical Transactions Mathematical Physical & Engineering Sciences，2010，368（1929）：4729-4754.

［3］ Evans S M. TBT or not TBT?：That is the question［J］. Biofouling，1999，14：117-129.

［4］ Ren J，Han P，Wei H，et al. Fouling-resistant behavior of silver nanoparticle-modified surfaces against the bioadhesion of microalgae［J］. ACS Applied Materials & Interfaces，2014，6（6）：3829-3838.

［5］ 黄云涛，彭乔. 海洋生物污损的防治方法及研究进展［J］. 全面腐蚀控制，2004，18：3-5.

［6］ Fusetani N. Biofouling and antifouling［J］. Natural Product Reports，2004，21：94-104.

［7］ Pettitt M E，Henry S L，Callow M E，et al. Activity of commercial enzymes on settlement and adhesion of cypris larvae of the barnacle *Balanus amphitrite*，spores of the green alga *Ulva linza*，and the diatom *Navicula perminuta*［J］. Biofouling，2004，20（6）：299-311.

［8］ Rana D，Matsuura T. Surface modifications for antifouling membranes［J］. Chemical Reviews，2010，110（4）：2448-2471.

［9］ 逯艳英，吴建华，孙明先，等. 海洋生物污损的防治-电解防污技术的新进展［J］. 腐蚀与防护，2001，22（12）：530-534.

［10］ Yebra D M，Kiil S，Dam-Johansen K. Antifouling technology-past，present and future steps towards efficient and environmentally friendly antifouling coatings［J］. Progress in Organic Coatings，2004，50（2）：75-104.

［11］ Woods Hole Oceanographic Institution. The Effects of fouling，in marine fouling and its preventation［J］. 1952：3-20.

［12］ 张洪荣，原培胜. 船舶防污技术［J］. 舰船科学技术，2006：28.

［13］ 刘继华，钱士强. 海洋生物附着及其防护技术［J］. 腐蚀与防护，2010，31（1）：78-84.

［14］ 桂泰江，王科. 低表面能海洋防污涂料的现状和发展趋势［J］. 现代涂料与涂装，2010，13：32-35.

［15］ Lejars M，Margaillan A，Bressy C. Fouling release coatings：a nontoxic alternative to biocidal antifouling coatings［J］. Chemical Reviews，2012，112（8）：4347-4390.

［16］ 张明明，赵文，于世超. 我国海洋污损生物的研究概况［J］. 水产科学，2008，27（10）：545-549.

［17］ 金晓鸿. 海洋污损生物防除技术和发展-船底防污及电解海水防污技术［J］. 材料开发与应用，2005，20（5）：44-46.

[18] 王秀娟, 沈海鹰, 李敏. 环境友好型海洋防污涂料的研究及发展[J]. 涂料工业, 2010, 40(3): 64-67.

[19] 胥震, 欧阳清, 易定和. 海洋污损生物防除方法概述及发展趋势[J]. 腐蚀科学与防护技术, 2012, 24(3): 192-198.

[20] 颜东洲, 贾成功. 防污涂料的应用和技术进展[J]. 化工科技市场, 2002, 25: 21-24.

[21] Yebra D M, Kiil S, Weinell C, et al. Presence and effects of marine microbial biofilms on biocide-based antifouling paints[J]. Biofouling, 2006, 22(1): 33-41.

[22] Qian P Y, Xu Y, Fusetani N. Natural products as antifouling compounds: recent progress and future perspectives[J]. Biofouling, 2010, 26(2): 223-234.

[23] Olsen S M, Pedersen L T, Laursen M H, et al. Enzyme-based antifouling coatings: a review [J]. Biofouling, 2007, 23(5): 369-383.

[24] Angarano M B, McMahon R F, Hawkins D L, et al. Exploration of structure-antifouling relationships of capsaicin-like compounds that inhibit zebra mussel (*Dreissena polymorpha*) macrofouling[J]. Biofouling, 2007, 23(5): 295-305.

[25] 邵静静, 蔺存国, 张金伟, 等. 鲨鱼皮仿生防污研究[J]. 涂料工业, 2008, 38: 39-44.

[26] 周晓见, 董夏伟, 缪莉, 等. 海洋防污损涂料添加剂 Irgarol1051 环境科学研究进展[J]. 环境科技, 2011, 24: 64-68.

[27] Barbey R, et al. Polymer brushes via surface-initiated controlled radical polymerization: synthesis, characterization, properties, and applications[J]. Chemical Reviews, 2009, 109(11): 5437-5527.

[28] Bug A L R, Cates M E, Safran S A, et al. Theory of size distribution of associating polymer aggregates . 1. Spherical aggregates[J]. Journal of Chemical Physics , 1987, 87(3): 1824-1833.

[29] Halperin A, Tirrell M, Lodge T P. Tethered chains in polymer microstructures[J]. Advances in Polymer Science , 1992, 100: 31-71.

[30] Lee H, Lee K D, Pyo K B, et al. Catechol-grafted poly(ethylene glycol) for PEGylation on versatile substrates[J]. Langmuir, 2010, 26(6): 3790-3793.

[31] Gillich T, Benetti E M, Rakhmatullina E, et al. Self-assembly of focal point oligo-catechol ethylene glycol dendrons on titanium oxide surfaces: Adsorption kinetics, surface characterization, and nonfouling properties [J]. Journal of the American Chemical Society, 2011, 133 (28): 10940-10950.

[32] Pechey A, Elwood C N, Wignall G R, et al. Anti-adhesive coating and clearance of device associated uropathogenic *Escherichia coli* Cystitis [J]. Journal of Urology, 2009, 182 (4): 1628-1636.

[33] Chen Y B, Thayumanavan S. Amphiphilicity in homopolymer surfaces reduces nonspecific protein adsorption[J]. Langmuir, 2009, 25(24): 13795-13799.

[34] Zhao B, Brittain W J. Polymer brushes: surface-immobilized macromolecules[J]. Progress in

Polymer Science , 2000, 25(5): 677-710.

[35] Li G Z, Xue H, Cheng G, et al. Ultralow fouling zwitterionic polymers grafted from surfaces covered with an initiator via an adhesive mussel *Mimetic Linkage*[J]. Journal of Physical Chemistry B, 2008, 112(48): 15269-15274.

[36] Ye Q , Gao T , Wan F , et al. Grafting poly(ionic liquid) brushes for anti-bacterial and anti-biofouling applications[J]. Journal of Materials Chemistry, 2012, 22(26): 13123-13131.

[37] Zhao B. Synthesis of binary mixed homopolymer brushes by combining atom transfer radical polymerization and nitroxide – mediated radical polymerization [J]. Polymer, 2003, 44 (15): 4079-4083.

[38] Zhao B. A combinatorial approach to study solvent-induced self-assembly of mixed poly(methyl methacrylate)/polystyrene brushes on planar silica substrates: Effect of relative grafting density [J]. Langmuir, 2004, 20(26): 11748-11755.

[39] Ruiz J M, Bachelet G, Caumette P, et al. Three decades of tributyltin in the coastal environment with emphasis on Arcachon Bay, France[J]. Environmental Pollution , 1996, 93(2): 195-203.

[40] Champ M A. A review of organotin regulatory strategies, pending actions, related costs and benefits[J]. Science of the Total Environment, 2000, 258(1-2): 21-71.

[41] Xu Y, He H P, Schulz S, et al. Potent antifouling compounds produced by marine *Streptomyces* [J]. Bioresource Technology, 2010, 101(4): 1331-1336.

[42] Sousa A, Genio L, Mendo S, et al. Comparison of the acute toxicity of tributyltin and copper to veliger larvae off *Nassarius reticulatus* (L.) [J]. Applied Organometallic Chemistry, 2005, 19 (3): 324-328.

[43] Negri A, Marshall P. TBT contamination of remote marine environments: Ship groundings and ice-breakers as sources of organotins in the Great Barrier Reef and Antarctica[J]. Journal of Environmental Management, 2009, 90: S31-S40.

[44] Monfared H, Sharif F, Kasiriha SM. Simulation and development of tin-free antifouling self-polishing coatings[J]. Macromolecular Symposia , 2008, 274: 109-115.

[45] Qian P Y, Chen L G, Xu Y. Mini-review: Molecular mechanisms of antifouling compounds [J]. Biofouling, 2013, 29(4): 381-400.

[46] Dowson P H, Bubb J M, Lester J N. Temporal distribution of organotins in the aquatic environment: Five years after the 1987 UK retail ban on TBT based antifouling paints[J]. Marine Pollution Bulletin, 1993, 26(9): 487-494.

[47] Gadd G M. Microbial interactions with tributyltin compounds: detoxification, accumulation, and environmental fate[J]. Science of the Total Environment, 2000, 258(1-2): 119-127.

[48] Sapozhnikova Y, Wirth E, Schiff K, et al. Antifouling biocides in water and sediments from California marinas[J]. Marine Pollution Bulletin, 2013, 69(1-2): 189-194.

[49] Mailhot G, Brand N, Astruc M, et al. Photoinduced degradation by iron(III): removal of triphenyltin chloride from water[J]. Applied Organometallic Chemistry, 2002, 16(1): 27-33.

[50] Di Landa G, Ansanelli G, Ciccoli R, et al. Occurrence of antifouling paint booster biocides in selected harbors and marinas inside the gulf of Napoli: A preliminary survey[J]. Marine Pollution Bulletin, 2006, 52(11): 1541-1546.

[51] Voulvoulis N, Scrimshaw M D, Lester J N. Alternative antifouling biocides[J]. Applied Organometallic Chemistry, 1999, 13(3): 135-143.

[52] Omae M. General aspects of tin-free antifouling paints[J]. Chemical Reviews, 2003, 103(9): 3431-3448.

[53] Almeida E, Diamantino T C, de Sousa O. Marine paints: The particular case of antifouling paints[J]. Progress in Organic Coatings, 2007, 59(1): 2-20.

[54] Bellas J. Toxicity assessment of the antifouling compound zinc pyrithione using early developmental stages of the ascidian *Ciona intestinalis*[J]. Biofouling, 2005, 21(5-6): 289-296.

[55] Bellas J, Granmo A, Beiras R. Embryotoxicity of the antifouling biocide zinc pyrithione to sea urchin (*Paracentrotus lividus*) and mussel (*Mytilus edulis*)[J]. Marine Pollution Bulletin, 2005, 50(11): 1382-1385.

[56] Bellotti N, Deyá C, del Amo B, Romagnoli. Antifouling paints with zinc "tannate"[J]. Industrial & Engineering Chemistry Research, 2010, 49: 3386-3390.

[57] Voulvoulis N. Antifouling Paint Booster Biocides: Occurrence and Partitioning in Water and Sediments, in *Antifouling Paint Biocides*[M]. Konstantinou IK, Springer-Verlag Berlin Heidelberg, 2006: 155-170.

[58] Meneses E S, Arguelho M L P M, Alves J P H. Electroreduction of the antifouling agent TCMTB and its electroanalytical determination in tannery wastewaters[J]. Talanta, 2005, 67(4): 682-685.

[59] Menin A, Ballarin L, Bragadin M, et al. Immunotoxicity in ascidians: Antifouling compounds alternative to organotins-II. The case of diuron and TCMS pyridine[J]. Journal of Environmental Science and Health Part B, 2008, 43(8): 644-654.

[60] Bowmer K H, Adeney J A. Residues of diuron and phytotoxic degradation products in aquatic situations. 2. diuron in irrigation Water[J]. Pesticide Science, 1978, 9(4): 354-364.

[61] 狄兰兰, 蔺存国, 郑继勇, 等. HPLC 在海洋船舶涂料防污剂检测中的应用[J]. 涂料工业, 2008, 38: 56-59.

[62] Caux P Y, Kent R A, Fan G T, et al. Environmental fate and effects of chlorothalonil: A Canadian perspective[J]. Critical Reviews In Environmental Science and Technology, 1996, 26(1): 45-93.

[63] Ernst W, Doe K, Jonah P, et al. The toxicity of chlorothalonil to aquatic fauna and the im-

pact of its operational use on a pond ecosystem[J]. Archives of Environmental Contamination and Toxicology, 1991, 21(1): 1-9.

[64] Authority N R. Pesticides in the aquatic environment[J]. 1995.

[65] Cima F, Bragadin M, Ballarin L. Toxic effects of new antifouling compounds on tunicate haemocytes I. Sea-nine 211 and chlorothalonil. [J]. Aquatic Toxicology, 2008, 86(2): 299-312.

[66] Grunnet K S, Dahllof I. Environmental fate of the antifouling compound zinc pyrithione in seawater[J]. Environmental Toxicology and Chemistry, 2005, 24(12): 3001-3006.

[67] Marcheselli M, Rustichelli C, Mauri M. Novel antifouling agent zinc pyrithione: determination, acute toxicity, and bioaccumulation in marine mussels (*Mytilus galloprovincialis*) [J]. Environmental Toxicology and Chemistry, 2010, 29(11): 2583-2592.

[68] Marcheselli M, Conzo F, Mauri M, et al. Novel antifouling agent-zinc pyrithione: short- and long-term effects on survival and reproduction of the marine polychaete *Dinophilus gyrociliatus* [J]. Aquatic Toxicology, 2010, 98(2): 204-210.

[69] Schouten A, Mol H, Hamwijk C, et al. Critical Aspects in the Determination of theAntifouling Compound Dichlofluanid and its Metabolite DMSA (N, N -dimethyl- N′-phenylsulfamide) in Seawater and Marine Sediments[J]. Chromatographia, 2005, 62(9-10): 511-517.

[70] Mohr S, Berghahn R, Mailahn W, et al. Toxic and accumulative potential of the antifouling biocide and TBT successor irgarol on freshwater macrophytes: a pond mesocosm study[J]. Environmental Science & Technology, 2009, 43(17): 6838-6843.

[71] 邓祥元, 成婕, 高坤, 等. 防污剂 Irgarol1051 在水环境中的生态效应[J]. 环境化学, 2015, 34: 1735-1740.

[72] Okamura H, Sugiyama Y. Photosensitized degradation of Irgarol 1051 in water [J]. Chemosphere, 2004, 57(7): 739-743.

[73] 廖莉玲, 刘吉平. 新型无机抗菌剂[J]. 现代化工, 2001, 21: 62-64.

[74] Morones J R, Elechiguerra J L, Camacho A, et al. The bactericidal effect of silver nanoparticles[J]. Nanotechnology, 2005, 16(10): 2346-2353.

[75] 曲锋, 许恒毅, 熊勇华, 等. 纳米银杀菌机理的研究进展[J]. 食品科学, 2010, 31: 420-424.

[76] Dai J H, Bruening M L. Catalytic nanoparticles formed by reduction of metal ions in multilayered polyelectrolyte films[J]. Nano Letters, 2002, 2(5): 497-501.

[77] 李娟红, 雷闫莹, 王小刚. 半导体 TiO_2 纳米微粒膜光催化杀菌机理与性能的研究[J]. 材料工程, 2006, 222-228.

[78] Lee S Y, Kim H J, Patel R, et al. Silver nanoparticles immobilized on thin film composite polyamide membrane: characterization, nanofiltration, antifouling properties[J]. Polymers for Advanced Technologies, 2007. 18(7): 562-568.

[79] Silver S. Bacterial silver resistance: molecular biology and uses and misuses of silver compounds

[J]. Fems Microbiology Reviews, 2003, 27(2-3): 341-353.

[80] Wang R M, Wang B Y, He Y F, et al. Preparation of composited Nano - TiO₂ and its application on antimicrobial and self-cleaning coatings[J]. Polymers for Advanced Technologies, 2010, 21(5): 331-336.

[81] 李明. 纳米氧化锌的生产和应用进展[J]. 化工文摘, 2007: 53-55.

[82] 汪信, 陆路德. 纳米金属氧化物的制备及应用研究的若干进展[J]. 无机化学学报, 2000, 16: 213-217.

[83] 刘吉平, 田军. 纳米抗菌技术的发展与应用前景[J]. 中国个体防护装备, 2001, 1: 16-17.

[84] 汪国庆, 李文戈. 环境友好型纳米银海洋防污损涂料研究[J]. 现代涂料与涂装, 2011, 14: 15-19.

[85] 张文钲, 于鸿潮. 载银玻璃抗菌剂 WA291 制备及应用[J]. 化工新型材料, 2000, 28: 20-22.

[86] 蔡政武, 杨玲. 新型的无机抗菌剂[J]. 化工新型材料, 2000, 28: 36-37.

[87] 张文钲, 张羽天. Zeomic 抗菌剂及相关产品[J]. 化工新型材料, 1999, 27: 18-19.

[88] 沈丽霞, 黄娇, 严芬英, 等. 纳米材料在海洋无毒防污涂料中的应用[J]. 电镀与精饰, 2011, 33: 18-23.

[89] Chen H, Brook M A, Sheardown H. Silicone elastomers for reduced protein adsorption [J]. Biomaterials, 2004, 25(12): 2273-2282.

[90] Lan S, Veiseh M, Zhang M. Surface modification of silicon and gold-patterned silicon surfaces for improved biocompatibility and cell patterning selectivity[J]. Biosensors & Bioelectronics, 2005, 20(9): 1697-1708.

[91] Zhang F, Kang E T, Neoh K G, et al. Modification of gold surface by grafting of poly(ethylene glycol) for reduction in protein adsorption and platelet adhesion[J]. Journal of Biomaterials Science-Polymer Edition, 2001, 12(5): 515-531.

[92] Jeon S I, Lee J H, Andrade J D, et al. Protein surface interactions in the presence of polyethylene oxide . 1. Simplified Theory[J]. Journal of Colloid and Interface Science, 1991, 142(1): 149-158.

[93] Senaratne W, Andruzzi L, Ober C K. Self-assembled monolayers and polymer brushes in biotechnology: Current applications and future perspectives[J]. Biomacromolecules, 2005, 6(5): 2427-2448.

[94] Lan C, Chang M, Lee C Y, et al. Plasma-deposited tetraglyme surfaces greatly reduce total blood protein adsorption, contact activation, platelet adhesion, platelet procoagulant activity, and in vitro thrombus deposition[J]. Journal of Biomedical Materials Research Part A, 2010, 81A(4): 827-837.

[95] Dalsin J L, Messersmith P B. Bioinspired antifouling polymers[J]. Materials Today, 2005, 8

（9）：38-46.

[96] Feller L M, Cerritelli S, Textor M, et al. Influence of poly (propylene sulfide-block-ethylene glycol) di-and triblock copolymer architecture on the formation of molecular adlayers on gold surfaces and their effect on protein resistance: A candidate for surface modification in biosensor research[J]. Macromolecules, 2005, 38(25): 10503-10510.

[97] Bearinger J P, Terrettaz S, Michel R, et al. Chemisorbed poly(propylene sulphide)-based co-polymers resist biomolecular interactions[J]. Nature Materials, 2003, 2(4): 259-264.

[98] Hucknall A, Rangarajan S, Chilkoti A. In pursuit of zero: polymer brushes that resist the ad-sorption of proteins[J]. Advanced Materials, 2009, 21(23): 2441-2446.

[99] Chen H, Hu X, Zhang Y, et al. Effect of chain density and conformation on protein adsorption at PEG-grafted polyurethane surfaces[J]. Colloids & Surfaces B Biointerfaces, 2008, 61(2): 237-243.

[100] Jeon S I, Lee J H, Andrade J D, et al. Protein surface interactions in the presence of polyethylene oxide . 1. Simplified Theory[J]. Journal of Colloid and Interface Science 1991, 142(1): 149-158.

[101] Lowe A B, McCormick C L. Synthesis and solution properties of zwitterionic polymers[J]. Chemical Reviews, 2002, 102(11): 4177-4189.

[102] 慈吉良, 康宏亮, 刘晨光, 等. 两性离子聚合物的抗蛋白质吸附机理及其应用[J]. 化学进展, 2015, 27: 1198-1212.

[103] 刘红艳, 周健. 两性离子聚合物的生物应用[J]. 化学进展, 2012, 24: 2187-2197.

[104] Li Y, Giesbers M, Gerth M, et al. Generic top-functionalization of patterned antifouling zwitterionic polymers on indium tin oxide[J]. Langmuir, 2012, 28(34): 12509-12517.

[105] Chen S F, Li L Y, Zhao C, et al. Surface hydration: Principles and applications toward low-fouling/nonfouling biomaterials[J]. Polymer, 2010, 51(23): 5283-5293.

[106] Callow J A, Callow M E. Trends in the development of environmentally friendly fouling-resistant marine coatings[J]. Nature Communications, 2011, 2: 244.

[107] West S L, Salvage J P, Lobb E J, et al. The biocompatibility of crosslinkable copolymer coatings containing sulfobetaines and phosphobetaines [J]. Biomaterials, 2004, 25 (7-8): 1195-1204.

[108] Kim K, Kim C, Byun Y. Biostability and biocompatibility of a surface-grafted phospholipid monolayer on a solid substrate[J]. Biomaterials, 2004, 25(1): 33-41.

[109] Iwata R, Suk-In P, Hoven V P, et al. Control of nanobiointerfaces generated from well-defined biomimetic polymer brushes for protein and cell manipulations[J]. Biomacromolecules, 2004, 5(6): 2308-2314.

[110] Feng W, Brash J L, Zhu S P. Non-biofouling materials prepared by atom transfer radical polymerization grafting of 2-methacryloxyethyl phosphorylcholine: Separate effects of graft density

140

and chain length on protein repulsion[J]. Biomaterials, 2006, 27(6): 847-855.

[111] Sundaram H S, Ella-Menye J R, Brault N D, et al. Reversibly switchable polymer with cationic/zwitterionic/anionic behavior through synergistic protonation and deprotonation [J]. Chemical Science , 2014, 5(1): 200-205.

[112] Kirk J T, Brault N D, Baehr-Jones T, et al. Zwitterionic polymer-modified silicon microring resonators for label – free biosensing in undiluted human plasma [J]. Biosensors & Bioelectronics, 2013, 42: 100-105.

[113] Cheng G, Zhang Z, Chen S F, et al. Inhibition of bacterial adhesion and biofilm formation on zwitterionic surfaces[J]. Biomaterials, 2007, 28(29): 4192-4199.

[114] Hallett J P, Welton T. ( ) Room-temperature ionic liquids: solvents for synthesis and catalysis. 2[J]. Chemical Reviews, 2011, 111(5): 3508-3576.

[115] Dobbs W, Heinrich B, Bourgogne C, et al. Mesomorphic Imidazolium Salts: new vectors for efficient siRNA transfection[J]. Journal of the American Chemical Society, 2009, 131(37): 13338-13346.

[116] Zhou F, Liang Y M, Liu W M. Ionic liquid lubricants: designed chemistry for engineering applications[J]. Chemical Society Reviews, 2009, 38(9): 2590-2599.

[117] Latala A, Nedzi M, Stepnowski P. Toxicity of imidazolium and pyridinium based ionic liquids towards algae. *Chlorella vulgaris*, *Oocystis submarina* (green algae) and *Cyclotella meneghiniana*, *Skeletonema marinoi* (diatoms) [J]. Green Chemistry, 2009, 11(4): 580-588.

[118] Majumdar P , Lee E , Patel N , et al. Development of environmentally friendly, antifouling coatings based on tethered quaternary ammonium salts in a crosslinked polydimethylsiloxane matrix[J]. Journal of Coatings Technology & Research, 2008, 5(4): 405-417.

[119] Bellotti N, del Amo B, Romagnoli R. Quaternary ammonium "tannate" for antifouling coatings [J]. Industrial & Engineering Chemistry Research, 2012, 51(51): 16626-16632.

[120] Li Z, Lee D, Sheng X X, et al. Two-level antibacterial coating with both release-killing and contact-killing capabilities[J]. Langmuir, 2006, 22(24): 9820-9823.

[121] Schiff K, Diehl D, Valkirs A. Copper emissions from antifouling paint on recreational vessels [J]. Marine Pollution Bulletin, 2004, 48(3-4): 371-377.

[122] Peng B X, Wang J L, Peng Z H, et al. Studies on the synthesis, pungency and anti-biofouling performance of capsaicin analogues[J]. SCIENCE CHINA Chemistry, 2012, 55 (3): 435-442.

[123] Stupak M E, Garcia M T, Perez M C. Non-toxic alternative compounds for marine antifouling paints[J]. International Biodeterioration & Biodegradation, 2003, 52(1): 49-52.

[124] Cope W G, Bartsch M R, Marking L L. Efficacy of candidate chemicals for preventing attachment of zebra mussels (*Dreissena polymorpha*) [J]. Environmental Toxicology and Chemistry , 1997, 16(9): 1930-1934.

［125］ Etoh H, Kondoh T, Noda R, et al. Shogaols from *Zingiber officinale* as promising antifouling agents［J］. Bioscience, Biotechnology, and Biochemistry, 2002, 66(8): 1748–1750.

［126］ Okino T, Yoshimura E, Hirota H, et al. Antifouling kalihinenes from the marine sponge *Acanthella cavernosa*［J］. Tetrahedron Letters, 1995, 36(47): 8637–8640.

［127］ Maki J S, Rittschof D, Costlow J D, et al. Inhibition of attachment of larval barnacles, *Balanus Amphitrite*, by bacterial surface films［J］. Marine Biology, 1988, 97(2): 199–206.

［128］ He F, Liu Z, Yang J, et al. A novel antifouling alkaloid from halotolerant fungus *Penicillium* sp OUCMDZ-776［J］. Tetrahedron Letters, 2012, 53(18): 2280–2283.

［129］ Bernbom N, Ng Y Y, Kjelleberg S, et al. Marine bacteria from Danish coastal waters show antifouling activity against the marine fouling bacterium *Pseudoalteromonas* sp. strain S91 and zoospores of the green alga *Ulva australis* independent of bacteriocidal activity［J］. Applied and Environmental Microbiology, 2011, 77(24): 8557–8567.

［130］ Holmstrom C, James S, Egan S, et al. Inhibition of common fouling organisms by marine bacterial isolates with special reference to the role of pigmented bacteria［J］. Biofouling, 1996, 10 (1–3): 251–259.

［131］ Holmstrom C, Kjelleberg S. Marine pseudoalteromonas species are associated with higher organisms and produce biologically active extracellular agents［J］. Fems Microbiology Ecology, 1999, 30(4): 285–293.

［132］ Egan S, James S, Holmstrom C, et al. Inhibition of algal spore germination by the marine bacterium *Pseudoalteromonas tunicata*［J］. Fems Microbiology Ecology, 2001, 35(1): 67–73.

［133］ Nylund G M, Pavia H. settlement of the barnacle *Balanus improvisus*［J］. Marine Biology, 2003, 143(5): 875–882.

［134］ Bhadury P, Wright P C. Exploitation of marine algae: biogenic compounds for potential antifouling applications［J］. Planta, 2004, 219(4): 561–578.

［135］ Marechal J P, Culiol I G, Hell I O C, et al. Seasonal variation in antifouling activity of crude extracts of the brown alga *Bifurcaria bifurcata* (Cystoseiraceae) against cyprids of Balanus amphitrite and the marine bacteria *Cobetia marina* and *Pseudoalteromonas haloplanktis*［J］. Journal of Experimental Marine Biology and Ecology, 2004, 313(1): 47–62.

［136］ Brock E, Nylund G M, Pavia H. Chemical inhibition of barnacle larval settlement by the brown alga *Fucus vesiculosus*［J］. Marine Ecology Progress Series, 2007, 337: 165–174.

［137］ Xu Q, Barrios C A, Cutright T, et al. Evaluation of toxicity of capsaicin and zosteric acid and their potential application as antifoulants［J］. Environmental Toxicology, 2005, 20(5): 467–474.

［138］ 潘敏翔, 马天翔, 郭丽, 等. 海藻活性物质研究概况及抗辐射研究进展［J］. 解放军药学学报, 2010, 26: 165–169.

[139] Omaezallene from Red Alga *Laurencia* sp.: Structure Elucidation, Total Synthesis, and Anti-fouling Activity[J]. Angewandte Chemie International Edition, 2014, 53(15): 3909-3912.

[140] Vairappan C S, Suzuki M, Abe T, et al. Halogenated metabolites with antibacterial activity from the Okinawan *Laurencia* species[J]. Phytochemistry, 2001, 58(3): 517-523.

[141] Konig G M, Wright A D, De Nys R. Halogenated monoterpenes from plocamium costatum and their biological activity1[J]. Journal of Natural Products, 1999, 62(2): 383-385.

[142] Culioli G, Ortalo-Magné A, Valls R, et al. Antifouling activity of meroditerpenoids from the marine brown alga *Halidrys siliquosa*. [J]. Journal of Natural Products, 2008, 71 (7): 1121-1126.

[143] Eom S H, Kim Y M, Kim S K. Antimicrobial effect of phlorotannins from marine brown algae [J]. Food and Chemical Toxicology, 2012, 50(9): 3251-3255.

[144] Lee M H, Lee K B, Oh S M, et al. Antifungal activities of dieckol isolated from the marine brown alga *Ecklonia cava* against *Trichophyton rubrum*[J]. Journal of the Korean Society for Applied Biological Chemistry, 2010, 53(4): 504-507.

[145] Bianco E M, Rogers R, Teixeira VL, et al. Antifoulant diterpenes produced by the brown seaweed *Canistrocarpus cervicornis*[J]. Journal of Applied Phycology, 2009, 21(3): 341-346.

[146] Zheng J Y, Lin C G, Di L L, et al. Natural Antifouling Materials from Marine Plants *Ulva pertusa*[J]. Advanced Materials Research, 2009, 79-82: 1079-1082.

[147] Iyapparaj P, Revathi P, Ramasubburayan R, et al. Antifouling activity of the methanolic extract of *Syringodium isoetifolium*, and its toxicity relative to tributyltin on the ovarian development of brown mussel *Perna indica*[J]. Ecotoxicology and Environmental Safety, 2013, 89 (MAR. 1): 231-238.

[148] Clark R J, Field K L, Charan R D, et al. The haliclonacyclamines, cytotoxic tertiary alkaloids from the tropical marine sponge *Haliclona* sp. [J]. Tetrahedron, 1998, 54(30): 8811-8826.

[149] Kashman Y, Koren-Goldshlager G, Gravalos G, et al. Halitulin, a new cytotoxic alkaloid from the marine sponge *Haliclona tulearensis* [J]. Tetrahedron Letters, 1999, 40 (5): 997-1000.

[150] Erickson K L, Beutler J A, Cardellina J H, et al. Rottnestol, a new hemiketal from the Sponge *Haliclona* Sp[J]. Tetrahedron, 1995, 51 (44): 11953-11958.

[151] Blackburn, Christine L, Hopmann, et al. Adociasulfates 1-6, inhibitors of kinesin motor proteins from the sponge *Haliclona* (aka Adocia) sp. [J]. Journal of Organic Chemistry, 1999, 64(15): 5565-5570.

[152] Erickson K L, Beutler J A, Cardellina J H, et al. Salicylihalamides A and B, novel cytotoxic macrolides from the marine sponge *Haliclona* sp[J]. Journal of Organic Chemistry, 1997, 62 (23): 8188-8192.

143

[153] Sears M A, Gerhart D J, Rittschof D. Antifouling agents from marine sponge—*Lissodendoryx isodictyalis Carter*[J]. Journal of Chemical Ecology, 1990, 16(3): 791-799.

[154] Sera Y, Adachi K, Fujii K, Shizuri Y. A new antifouling hexapeptide from a palauan sponge, *Haliclona* sp[J]. Journal of Natural Products, 2003, 66(5): 719-721.

[155] Bowling J J, Mohammed R, Diers J A, et al. Abundant ketone isolated from oily *Plakortis* sponge demonstrates antifouling properties[J]. Chemoecology, 2010, 20(3): 207-213.

[156] Chen D, Wei C, Dong L, et al. Asteriscane-type sesquiterpenoids from the soft coral *Sinularia capillosa*[J]. Journal of Natural Products, 2013, 76(9): 1753-1763.

[157] Lai D, Liu D, Deng Z, et al. Antifouling eunicellin-type diterpenoids from the Gorgonian *Astrogorgia* sp. [J]. Journal of Natural Products, 2012, 75(9): 1595-1602.

[158] Lai D, Geng Z, Deng Z, et al. Cembranoids from the soft coral *Sinularia rigida* with antifouling activities. [J]. Journal of Agriculture and Food Chemistry, 2013, 61 (19): 4585-4592.

[159] Zhang J, Liang Y, Wang K L, et al. Antifouling steroids from the South China Sea gorgonian coral *Subergorgia suberosa*[J]. Steroids, 2014, 79(1): 1-6.

[160] Qi S H, Zhang S, Qian P Y, et al. Ten new antifouling briarane diterpenoids from the South China Sea gorgonian *Junceella juncea*[J]. Tetrahedron, 2006, 62(39): 9123-9130.

[161] Zheng C J, Shao C L, Wu L Y, et al. 2013 Bioactive phenylalanine rerivatives and cytochalasins from the soft coral-derived fungus, *Aspergillus elegans*[J]. Marine Drugs, 2013, 11(6): 2054-2068.

[162] Zhang J, Li L C, Wang K L, et al. Pentacyclic hemiacetal sterol with antifouling and cytotoxic activities from the soft coral *Nephthea* sp. [J]. Bioorganic & Medicinal Chemistry Letters, 2013, 23(4): 1079-1082.

[163] 耿越, 张薛, 赵相轩, 等. 海鞘类天然产物的最新研究进展[J]. 天然产物研究与开发, 2001, 13: 73-78.

[164] Davis A R. Alkaloids and ascidian chemical defense: evidence for the ecological role of satural-products from *Eudistoma Olivaceum*[J]. Marine Biology, 1991, 111(3): 375-379.

[165] Davis A R, Wright A E. Inhibition of larval settlement by natural-products from the Ascidian, *Eudistoma Olivaceum* (Van Name) [J]. Journal of Chemical Ecology, 1990, 16 (4): 1349-1357.

[166] Peters L, Konig G M, Terlau H, et al. Four new bromotryptamine derivatives from the marine bryozoan *Flustra foliacea*[J]. Journal Of Natural Products, 2002, 65(11): 1633-1637.

[167] Peters L, Gabriele M K, Wright A D, et al. Secondary metabolites of *Flustra foliacea* and their influence on bacteria[J]. Applied and Environmental Microbiology, 2003, 69 (6): 3469-3475.

[168] Ye S, Majumdar P, Chisholm B, et al. Antifouling and antimicrobial mechanism of tethered

quaternary ammonium salts in a cross–linked poly(dimethylsiloxane) matrix studied using sum frequency generation vibrational spectroscopy[J]. Langmuir, 2010, 26(21): 16455–16462.

[169] Liu Y W, Leng C, Chisholm B, et al. Surface structures of PDMS incorporated with quaternary ammonium salts designed for antibiofouling and fouling release applications[J]. Langmuir, 2013, 29(9): 2897–2905.

[170] Glinel K, Jonas A M, Jouenne T, et al. Antibacterial and antifouling polymer brushes incorporating antimicrobial peptide[J]. Bioconjugate Chemistry, 2009, 20: 71–77.

[171] Jiang S Y, Cao Z Q. Ultralow – fouling, functionalizable, and hydrolyzable zwitterionic materials and their derivatives for biological applications[J]. Advanced Materials, 2010, 22 (9): 920–932.

[172] Blaszykowski C S, Thompson S M. Surface chemistry to minimize fouling from blood–based fluids[J]. Chemical Society Reviews, 2012, 41(17): 5599–5612.

[173] Ederth T, Ekblad T, Pettitt M E, et al. Resistance of galactoside – terminated alkanethiol self – assembled monolayers to marine fouling organisms [J]. ACS Applied Materials & Interfaces, 2011, 3(10) 3890–3901.

[174] Chiag Y C, Chang Y, Chen W Y, et al. Biofouling resistance of ultrafiltration membranes controlled by surface self–assembled coating with PEGylated copolymers[J]. Langmuir, 2012, 28 (2): 1399–1407.

[175] Paripovic D, Klok H–A. Improving the stability in aqueous media of polymer brushes grafted from silicon oxide substrates by surface–Initiated atom transfer radical polymerization[J]. Macromolecular Chemistry and Physics, 2011, 212(9): 950–958.

[176] Zhou F, Huck W T S. Surface grafted polymer brushes as ideal building blocks for "smart" surfaces[J]. Physical Chemistry Chemical Physics, 2006, 8(33): 3815–3823.

[177] Yang W J, Neoh K G, Kang E T, et al. Functional polymer brushes via surface–initiated atom transfer radical graft polymerization for combating marine biofouling[J]. Biofouling, 2012, 28 (9–10): 895–912.

[178] Banerjee I, Pangule R C, Kane R S. Antifouling coatings: recent developments in the design of surfaces that prevent fouling by proteins, bacteria, and marine organisms[J]. Advanced Materials, 2011, 23(6): 690–718.

[179] Lundberg P, Bruin A, Klijnstra J W, et al. Poly(ethylene glycol)–based thiol–ene hydrogel coatings–curing chemistry, aqueous stability, and potential marine antifouling applications. [J]. ACS Applied Materials & Interfaces, 2010, 2(3): 903–912.

[180] Zhao C, Patel K, Aichinger L M, et al. Antifouling and biodegradable poly(N–hydroxyethyl acrylamide) (polyHEAA)–based nanogels[J]. RSC Advances, 2013, 3(43): 19991–20000.

[181] Ryu J Y, Song I T, Lau K H A, et al. New antifouling platform characterized by single–molecule imaging[J]. ACS Applied Materials & Interfaces, 2014, 6(5): 3553–3558.

145

[182] Yin H, Akasaki T, Tao L S, et al. Double network hydrogels from polyzwitterions: High mechanical strength and excellent anti–biofouling properties[J]. Journal of Materials Chemistry B, 2013, 1(30), 3685–3693.

[183] Cao B, Li L, Wu H, et al. Zwitteration of dextran: a facile route to integrate antifouling, switchability and optical transparency into natural polymers[J]. Chemical Communications, 2014, 50(24): 3234–3237.

[184] Guo Q, Cai X, Wang X, et al. "Paintable" 3D printed structures via a post–ATRP process with antimicrobial function for biomedical applications[J]. Journal of Materials Chemistry B, 2013, 1(48): 6644–6649.

[185] Kuang J H, Messersmith P B. Universal surface–initiated polymerization of antifouling zwitterionic brushes using a mussel–mimetic peptide initiator[J]. Langmuir, 2012, 28 (18): 7258–7266.

[186] Liu X, Tong W, Wu Z, et al. Poly(N–vinylpyrrolidone)–grafted poly(dimethylsiloxane) surfaces with tunable microtopography and anti–biofouling properties[J]. Rsc Adv, 2013, 3 (14): 4716–4722.

[187] Liu Q S, Singh A, Liu L Y. Amino acid–based zwitterionic poly(serine methacrylate) as an antifouling material[J]. Biomacromolecules, 2013, 14(1): 226–231.

[188] Salamone J C, Volksen W, Israel S C, et al. Preparation of inner salt polymers from vinylimidazolium sulphobetaines[J]. Polymer, 1977, 18: 1058–1062.

[189] Li B, Yu B, Zhou F. In situ AFM investigation of electrochemically induced surface–initiated atom–transfer radical polymerization[J]. Macromolecular Rapid Communications, 2013, 34 (3): 246–250.

[190] Husseman M, Malmström E E, McNamara M, et al. Controlled synthesis of polymer brushes by "Living" free radical polymerization techniques[J]. Macromolecules, 1999, 32 (5): 1424–1431.

[191] Fan X W, Lin L J, Dalsin J L, et al. Biomimetic anchor for surface–initiated polymerization from metal substrates[J]. Journal of the American Chemical Society, 2005, 127 (45): 15843–15847.

[192] Li B, Yu B, Huck W T S, et al. Electrochemically induced surface–initiated atom–transfer radical polymerization[J]. Angewandte Chemie International Edition, 2012, 51 (21): 5092–5095.

[193] Li B, Yu B, Huck W T S, et al. Electrochemically mediated atom transfer radical polymerization on nonconducting substrates: controlled brush growth through catalyst diffusion[J]. Journal of the American Chemical Society, 2013, 135(5): 1708–1710.

[194] Wan F, Ye Q, Yu B, et al. Multiscale hairy surfaces for nearly perfect marine antibiofouling [J]. Journal of Materials Chemistry B, 2013, 1(29): 3599–3606.

146

[195] Roques-Carmes T, Aouadj S, Filiâtre C, et al. Interaction between poly(vinylimidazole) and sodium dodecyl sulfate: binding and adsorption properties at the silica/water interface [J]. Journal of Colloid and Interface Science, 2004, 274(2): 421-432.

[196] Roques-Carmes T, Aouadj S, Filiâtre C, et al. Interaction between poly(vinylimidazole) and sodium dodecyl sulfate: binding and adsorption properties at the silica/water interface [J]. Journal of Colloid and Interface Science, 2004, 274(2): 421-432.

[197] Carr L, Cheng G, Xue H, et al. Engineering the polymer backbone to strengthen nonfouling sulfobetaine hydrogels[J]. Langmuir, 2010, 26(18): 14793-14798.

[198] Wang L, Jia X, Li Y, et al. Synthesis and microwave absorption property of flexible magnetic film based on graphene oxide/carbon nanotubes and Fe_3O_4 nanoparticles [J]. Journal of Materials Chemistry A, 2014, 2(36): 14940-14946.

[199] Kang S, Pinault M, Pfefferle L D, et al. Single-walled carbon nanotubes exhibit strong antimicrobial activity[J]. Langmuir, 2007, 23(17): 8670-8673.

[200] Niu A, Han Y J, Wu J A, et al. Synthesis of one-dimensional carbon nanomaterials wrapped by silver nanoparticles and their antibacterial behavior[J]. The Journal of Physical Chemistry C, 2010, 114(29): 12728-12735.

[201] Nie C X, Cheng C, Ma L, et al. Mussel-inspired antibacterial and biocompatible silver-carbon nanotube composites: Green and universal nanointerfacial functionalization[J]. Langmuir, 2016, 32(23): 5955-5965.

[202] Krishnamoorthy M, Hakobyan S, Ramstedt M, et al. Surface-initiated polymer brushes in the biomedical field: applications in membrane science, biosensing, cell culture, regenerative medicine and antibacterial coatings[J]. Chemical Reviews, 2014, 114(21): 10976-11026.

[203] Terada A, Okuyama K, Nishikawa M, et al. The effect of surface charge property on*Escherichia coli* initial adhesion and subsequent biofilm formation[J]. Biotechnology & Bioengineering, 2012, 109(7): 1745-1754.

[204] Qian Y, Wang X, Hu H, et al. Polyelectrolyte brush templated multiple loading of Pd nanoparticles onto TiO_2 nanowires via regenerative counterion exchange-reduction[J]. Journal of Physical Chemistry C, 2009, 113(18): 7677-7683.

[205] Detty M R, Ciriminna R, Bright F V, et al. Environmentally benign sol-gel antifouling and foul-releasing coatings[J]. Accounts of Chemical Research, 2014, 47(2): 678-687.

[206] Yebra D M, Kiil S, Dam-Johansen K. Antifouling technology-past, present and future steps towards efficient and environmentally friendly antifouling coatings[J]. Progress in Organic Coatings, 2004, 50(2): 75-104.

[207] Hong F, Xie L, He C, et al. Novel hybrid anti-biofouling coatings with a self-peeling and self-generated micro-structured soft and dynamic surface[J]. Journal of Materials Chemistry B, 2013, Journal of Materials Chemistry B 1(15): 2048-2055.

[208] Lin X , He Q , Li J . Complex polymer brush gradients based on nanolithography and surface-initiated polymerization[J]. Chemical Society Reviews, 2012, 41(9): 3584-3593.

[209] Schumacher J F, Carman M L, Estes T G, et al. Engineered antifouling microtopographies - effect of feature size, geometry, and roughness on settlement of zoospores of the green alga Ulva[J]. Biofouling, 2007, 23(1): 55-62.

[210] Ding X, Zhou S, Gu G, et al. A facile and large-area fabrication method of superhydrophobic self-cleaning fluorinated polysiloxane/TiO_2 nanocomposite coatings with long-term durability [J]. Journal of Materials Chemistry, 2011, 21(17): 6161-6164.

[211] Chen H, Zhang M, Yang J, et al. Synthesis and characterization of antifouling poly(N-acryloylaminoethoxyethanol) with ultralow protein adsorption and cell attachment. [J]. Langmuir, 2014, 30(34): 10398-10409.

[212] Zhao W, Qian Y, Hu H, et al. Grafting zwitterionic polymer brushes via electrochemical surface-initiated atomic-transfer radical polymerization for anti-fouling applications[J]. Journal of Materials Chemistry B, 2014, 2 (33): 5352-5357.

[213] Yang W J, Neoh K G, Kang E T, et al. Polymer brush coatings for combating marine biofouling[J]. Progress in Polymer Science, 2014, 39(5): 1017-1042.

[214] Statz A, Finlay J, Dalsin J, et al. Algal antifouling and fouling-release properties of metal surfaces coated with a polymer inspired by marine mussels[J]. Biofouling, 2006, 22(5/6): 391-399.

[215] Sharma S K, Chauhan G S, Gupta R, et al. Tuning anti-microbial activity of poly(4-vinyl 2-hydroxyethyl pyridinium) chloride by anion exchange reactions[J]. Journal of Materials Science Materials in Medicine, 2010, 21(2): 717-724.

[216] Pernak J, Sobaszkiewicz K, Mirska I. Anti-microbial activities of ionic liquids[J]. Green Chem, 2003, 5(1): 52-56.

[217] Tiller J C, Lee S B, Lewis K, et al. Polymer surfaces derivatized with poly(vinyl-N-hexylpyridinium) kill airborne and waterborne bacteria [J]. Biotechnology and Bioengineering, 2002, 79(4): 465-471.

[218] Hoque J, Akkapeddi P, Yadav V, et al. Broad spectrum antibacterial and antifungal polymeric paint materials: synthesis, structure-activity relationship, and membrane-active mode of action[J]. ACS Applied Materials & Interfaces, 2015, 7(3): 1804-1815.

[219] Gottenbos B, van der Mei H C, Klatter F, et al. In vitro and in vivo antimicrobial activity of covalently coupled quaternary ammonium silane coatings on silicone rubber[J]. Biomaterials, 2002, 23(6): 1417-1423.

[220] Hazzizalaskar J, Nurdin N, Helary G, et al. Biocidal polymers active by contact . 1. Synthesis of polybutadiene with pendant quaternary ammonium groups[J]. Journal of Applied Polymer Science, 1993, 50(4): 651-662.

148

[221] Contreras-Garcia A , Bucio E , Brackman G , et al. Biofilm inhibition and drug-eluting properties of novel DMAEMA-modified polyethylene and silicone rubber surfaces[J]. Biofouling, 2011, 27(1-2): 123-135.

[222] Lee H S, Yee M Q, Eckmann Y Y, et al. Reversible swelling of chitosan and quaternary ammonium modified chitosan brush layers: Effect of pH and counter anion size and functionality [J]. Journal of Materials Chemistry, 2012, 22(37): 19605-19616.

[223] Krishnan S, Ayothi R, Hexemer A, et al. Anti-biofouling properties of comblike block copolymers with amphiphilic side chains[J]. Langmuir the Acs Journal of Surfaces & Colloids, 2006, 22(11): 5075-5086.

[224] Pollack K A, Imbesi P M, Raymond J E, et al. Hyperbranched fluoropolymer-polydimethylsiloxane-poly(ethylene glycol) cross-linked terpolymer networks designed for marine and biomedical applications: heterogeneous nontoxic antibiofouling surfaces [J]. ACS Applied Materials & Interfaces, 2014, 6(21): 19265-19274.

[225] Sui Y, Gao X L, Wang Z N, et al. Antifouling and antibacterial improvement of surface-functionalized poly(vinylidene fluoride) membrane prepared via dihydroxyphenylalanine-initiated atom transfer radical graft polymerizations[J]. Journal of Membrane Science, 2012, 394: 107-119.

[226] Ye Q, Wang X L, Li S B, et al. Surface-initiated ring-opening metathesis polymerization of pentadecafluorooctyl-5-norbornene-2-carboxylate from variable substrates modified with sticky biomimic initiator[J]. Macromolecules, 2010, 43(13): 5554-5560.

[227] Correa N M, Pires P A R, Silber J J, et al. Real structure of formamide entrapped by AOT nonaqueous reverse micelles: FT-IR and H-1 NMR studies[J]. Journal of Physical Chemistry B, 2005, 109(44): 21209-21219.

[228] Yang W J, Neoh K G, Kang E T, et al. Functional polymer brushes via surface-initiated atom transfer radical graft polymerization for combating marine biofouling[J]. Biofouling, 2012, 28 (9): 895-912.

[229] Samojlowicz C, Bieniek M, Grela K. Ruthenium-Based Olefin Metathesis Catalysts Bearing N-Heterocyclic Carbene Ligands[J]. Chemical Reviews, 2009, 109(8): 3708-3742.

[230] Callow J A, Osborne M P, Callow M E, et al. Use of environmental scanning electron microscopy to image the spore adhesive of the marine alga Enteromorpha in its natural hydrated state [J]. Colloid Surface B, 2003, 27(4): 315-321.

[231] Schultz M P. Effects of coating roughness and biofouling on ship resistance and powering [J]. Biofouling, 2007, 23(5): 331-341.

[232] Xu W T, Ma C F, Ma J L, et al. Marine biofouling resistance of polyurethane with biodegradation and hydrolyzation[J]. ACS Applied Materials & Interfaces, 2014, 6(6): 4017-4024.

[233] Zhang S, Zhang Y, Chung T S. Facile preparation of antifouling hollow fiber membranes for

sustainable osmotic power generation[J]. ACS Sustainable Chemistry & Engineering, 2016, 4 (3): 1154-1160.

[234] Xu F J, Neoh K G, Kang E T. Bioactive surfaces and biomaterials via atom transfer radical polymerization[J]. Progress in Polymer Science, 2009, 34(8): 719-761.

[235] Wang J G, Mao G P, Ober C K, et al. Liquid crystalline, semifluorinated side group block copolymers with stable low energy surfaces: Synthesis, liquid crystalline structure, and critical surface tension[J]. Macromolecules, 1997, 30(7): 1906-1914.

[236] Yang Y F, Li Y, Li Q L, et al. Surface hydrophilization of microporous polypropylene membrane by grafting zwitterionic polymer for anti-biofouling[J]. Journal of Membrane Science, 2010, 362(1-2): 255-264.

[237] Baxamusa S H, Gleason K K. Random copolymer films with molecular-scale compositional heterogeneities that interfere with protein adsorption[J]. Advanced Functional Materials, 2009, 19(21): 3489-3496.

[238] Gudipati C S, Finlay J A, Callow J A, et al. The antifouling and fouling-release perfomance of hyperbranched fluoropolymer (HBFP)-poly(ethylene glycol) (PEG) composite coatings evaluated by adsorption of biomacromolecules and the green fouling alga *Ulva*[J]. Langmuir, 2005, 21(7): 3044-3053.

[239] Yarbrough J C, Rolland J P, Desimone J M, et al. Contact angle analysis, surface dynamics, and biofouling characteristics of cross-linkable, random perfluoropolyether-based graft terpolymers[J]. Macromolecules, 2006, 39(7): 2521-2528.

[240] Finlay J A, Sitaraman K, Callow M E, et al. Settlement of *Ulva* zoospores on patterned fluorinated and PEGylated monolayer surfaces[J]. Langmuir, 2008, 24(2): 503-510.

[241] Amadei C A, Yang R, Chiesa M, et al. Revealing amphiphilic nanodornains of anti-biofouling polymer coatings[J]. ACS Applied Materials & Interfaces, 2014, 6(7): 4705-4712.

[242] Santer S, Kopyshev A, Donges J, et al. Memory of surface patterns in mixed polymer brushes: simulation and experiment[J]. Langmuir, 2007, 23(1): 279-285.

[243] Goli K K, Rojas O J, Genzer J. Formation and antifouling properties of amphiphilic coatings on polypropylene fibers[J]. Biomacromolecules, 2012, 13(11): 3769-3779.

[244] Katharios-Lanwermeyer S, Xi C, Jakubovics N S, et al. Mini-review: Microbial coaggregation: ubiquity and implications for biofilm development[J]. Biofouling, 2014, 30(10): 1235-1251.

[245] Callow J A, Callow M E. Trends in the development of environmentally friendly fouling-resistant marine coatings[J]. Nat Commun, 2011, 2: 244-254.

[246] Mansouri J, Harrisson S, Chen V (2010) Strategies for controlling biofouling in membrane filtration systems: challenges and opportunities[J]. J Mater Chem 20(22): 4567-4586.

[247] Qian PY, Li Z, Xu Y, Li Y, Fusetani N. Mini-review: marine natural products and their

150

synthetic analogs as antifouling compounds: 2009 – 2014 [J] . Biofouling, 2015, 31 (1): 101–122.

[248] Pengfei, Li, and, et al. Hemocompatibility and anti-biofouling property improvement of poly (ethylene terephthalate) via self-polymerization of dopamine and covalent graft of zwitterionic cysteine[J] . Colloids & Surfaces B Biointerfaces, 2013, 110: 327–332.

[249] Hirano S, Nagao N. Effects of chitosan, pectic acid, lysozyme, and chitinase on the growth of several phytopathogens[J] . Agr Biol Chem Tokyo, 1989, 53(11): 3065–3066.

[250] Sakai Y , Hayano K , Yoshioka H , et al. Chitosan-Coating of Cellulosic Materials Using an Aqueous Chitosan-CO$_2$ Solution[J] . Polymer Journal, 2002, 34(3): 144–148.

[251] Liu X , Huang R , Su R , et al. Grafting hyaluronic acid onto gold surface to achieve low protein fouling in surface plasmon resonance biosensors. [J] . ACS Applied Materials & Interfaces, 2014, 6(15): 13034–13042.

[252] Cao X , Pettit M E , Conlan S L , et al. Resistance of Polysaccharide Coatings to Proteins, Hematopoietic Cells, and Marine Organisms [J] . Biomacromolecules, 2009, 10 (4): 907–915.

[253] Bauer S , Arpa-Sancet M P , Finlay J A , et al. Adhesion of marine fouling organisms on hydrophilic and amphiphilic polysaccharides. [J] . Langmuir, 2013, 29(12): 4039–4047.

[254] Huang R , Liu X , Ye H , et al. Conjugation of Hyaluronic Acid onto Surfaces via the Interfacial Polymerization of Dopamine to Prevent Protein Adsorption[J] . Langmuir, 2015, 31(44) 12061–12070.

[255] FusetaniN. Antifouling marine natural products[J] . Nat Prod Rep, 2011, 28(2): 400–410.

[256] Abarzua S, Jakubowski S, Eckert S, et al. Biotechnological investigation for the prevention of marine biofouling II. Blue-green algae as potential producers of biogenic agents for the growth inhibition of microfouling organisms[J] . Bot Mar, 1999, 42(5): 459–465.

[257] Gao C , Wang Y , Chen Y , et al. Two New Avermectin Derivatives from the Beibu Gulf Gorgonian*Anthogorgia caerulea*[J] . Chemistry & Biodiversity, 2014, 11(5): 812–818.

[258] Majik M S, Rodrigues C, Mascarenhas S, et al. Design and synthesis of marine natural product-based 1H-indole-2, 3-dione scaffold as a new antifouling/antibacterial agent against fouling bacteria[J] . Bioorg Chem, 2014, 54: 89–95.

[259] Cho J Y, Kang J Y, Hong Y K, et al. Isolation and structural determination of the antifouling diketopiperazines from marine-derived streptomyces praecox 291–11[J] . Biosci Biotech Bioch, 2012, 76(6): 1116–1121.

[260] Nong X H, Zheng Z H, Zhang X Y, et al. Polyketides from a marine-derived fungus *Xylariaceae* sp[J] . Mar Drugs, 2013, 11(5): 1718–1727.

[261] Lin P, Ding L, Lin CW, et al. Nonfouling property of zwitterionic cysteine surface[J] . Langmuir, 2014, 30(22): 6497–6507.

[262] Zhang Z Q, Zhang Y H, Sun H. The reproductive biology of *Stellera chamaejasme* (Thymelae-aceae): A self－incompatible weed with specialized flowers [J]. Flora, 2011, 206 (6): 567-574.

[263] Sun G, Luo P, Wu N, et al. *Stellera chamaejasme* L. increases soil N availability, turnover rates and microbial biomass in an alpine meadow ecosystem on the eastern Tibetan Plateau of China[J]. Soil Biology and Biochemistry, 2009, 41(1): 86-91.

[264] Yoshida M, Feng W J, Saijo N, et al. Antitumor activity of daphnane of daphnane－type diter-pene gnidimacrin isolated from *Stellera Chamaejasme* L. [J]. Int. J. Cancer, 1996, 66, 268-273.

[265] Feng W J, Tetsuro I, Mitsuzi Y. The antitumor activities of gnidimacrin isolated from *Stellera chamaejasme* L. [J]. Chinese J Cancer Res, 1996, 8(2): 101-104.

[266] Yang G H, Liao Z X, Xu Z Y, et al. Antimitotic and antifungal C-3/C-3 ″-biflavanones from *Stellera chamaejasme*[J]. Chem Pharm Bull, 2005, 53(7): 776-779.

[267] Cui H, Jin H, Liu Q, et al. Nematicidal metabolites from roots of *Stellera chamaejasme* a-gainst *Bursaphelenchus xylophilus* and *Bursaphelenchus mucronatus*[J]. Pest Management Sci-ence, 2014, 70(5): 827-835.

[268] Zhang B, Yan Q, Yuan S, et al. Enhanced Antifouling and Anticorrosion Properties of Stainless Steel by Biomimetic Anchoring PEGDMA－Cross－Linking Polycationic Brushes[J], Industrial & Engineering Chemistry Research, 2019, 58, 7107-7119.

[269] Han P, Zhang B, Chang Z, et al. The anticorrosion of surfactants toward L245 steel in acid corrosion solution: Experimental and theoretical calculation[J], Journal of Molecular Liquids, 2022, 348: 118044.

[270] Lv L, Yuan S, Zheng Y, et al. Surface Modification of Mild Steel with Thermally Cured An-tibacterial Poly(vinylbenzyl chloride)－Polyaniline Bilayers for Effective Protection against Sul-fate Reducing Bacteria Induced Corrosion[J]. Industrial & Engineering Chemistry Research, 2014, 53(31): 12363-12378.

[271] Villegas M, Zhang Y, Jarad N A, et al. Liquid－Infused Surfaces: A Review of Theory, Design, and Applications[J], Acs Nano, 2019, 13: 8517-8536.

[272] Asadov Z H, Ahmadova G A, Rahimov R A, et al. Counterion－coupled gemini (Cocogem) surfactants based on dodecylisopropylol amine and dicarboxylic acids: synthesis, characteriza-tion and evaluation as biocide against SRB[J], Chemical Engineering Communications, 2018, 206: 861-870.

[273] Xia G, Jiang X, Zhou L, et al. Enhanced anticorrosion of methyl acrylate by covalent bond-ed N－alkylpyridinium bromide for X70 steel in 5M HCl[J]. Journal of Industrial & Engineering Chemistry, 2015, 27: 133-148.

[274] Tian Y, Wang W, Zhong L, et al. Investigation of the anticorrosion properties of graphene

152

oxide-modified waterborne epoxy coatings for AA6061[J]. Progress in Organic Coatings, 2022, 163: 106655.

[275] Li H, Luo S, Zhang L, et al. Water- and Acid-Sensitive Cu₂O@Cu-MOF Nano Sustained-Release Capsules with Superior Antifouling Behaviors[J], ACS Applied Materials & Interfaces, 2021, 14(1): 1910-1920.

[276] Wang W, Song M, Yang X N, et al. Synergistic Coating Strategy Combining Photodynamic Therapy and Fluoride-Free Superhydrophobicity for Eradicating Bacterial Adhesion and Reinforcing Corrosion Protection[J]. ACS Applied Materials & Interfaces, 12(41): 46862-46873.

[277] Chilkoor G, Kalimuthu J R, Vemuri B, et al. Hexagonal Boron Nitride for Sulfur Corrosion Inhibition[J]. ACS Nano, 2020, 14(11): 14809-14819.

[278] Chilkoor G, Shrestha N, Kutana A, et al. Atomic Layers of Graphene for Microbial Corrosion Prevention[J]. ACS Nano, 2021, 15(1): 447-454.

[279] Pereira G F, Pilz-Junior H L, Corcao G, et al. The impact of bacterial diversity on resistance to biocides in oilfields[J], Scientific Reports, 2021, 11(1): 23027.

[280] 孙源, 刘冰. 污损脱附型海洋防污材料研究进展[J]. 电镀与涂饰, 2019, 38(14): 757-761.

[281] 田丰, 白秀琴, 贺小燕, 等. 海洋环境下金属材料微生物腐蚀研究进展[J]. 表面技术, 2018, 47(8): 182-196.

[282] 史显波, 杨春光, 严伟, 等. 管线钢的微生物腐蚀[J]. 中国腐蚀与防护学报, 2019, 39(1): 9-17.

[283] 秦卫华, 刘兰轩, 冯增辉, 等. 国内防污涂料研究进展的统计分析[J]. 材料保护, 2018, 51: 106-109.

[284] 李跃瑞, 蔺存国, 王利. 海洋污损生物黏附机制与酶防污技术研究进展[J]. 舰船科学技术, 2017, 39: 1-7.

[285] 王斌. 船舶表面新型防污技术及其发展趋势[J]. 科技与创新, 2017, 16: 108-110.

[286] 陆刚, 余红伟, 晏欣, 等. 船舶防污涂料的研究现状及展望[J]. 专论•综述, 2016, 26(4): 74-77.

[287] Bellotti N, Deyá C, del Amo B, et al. Antifouling Paints with Zinc "Tannate"[J]. Industrial & Engineering Chemistry Research, 2010, 49: 3386-3390.

[288] Iwata R, Suk-In P, Hoven V P, et al. Control of nanobiointerfaces generated from well-defined biomimetic polymer brushes for protein and cell manipulations[J]. Biomacromolecules, 2004, 5: 2308-2314.

[289] Lindner E. A low surface free energy approach in the control of marine biofouling[J]. Biofouling, 1992, 6: 193-205.

[290] Je J Y, Kim S K. Chitosan derivatives killed bacteria by disrupting the outer and inner membrane[J]. Journal of Agriculture and Food Chemistry, 2006, 54: 6629-6633.

[291] Cao L, Chang M, Lee C Y, et al. Plasma-deposited tetraglyme surfaces greatly reduce total blood protein adsorption, contact activation, platelet adhesion, platelet procoagulant activity, and in vitro thrombus deposition[J]. Journal of Biomedical Materials Research Part A, 2007, 81: 827-837.

[292] Sommer S, Ekin A, Webster D C, et al. A preliminary study on the properties and fouling-release performance of siloxane-polyurethane coatings prepared from poly(dimethylsiloxane) (PDMS) macromers[J]. Biofouling, 2010, 26: 961-972.

[293] Cho Y, Sundaram H S, Weinman C J, et al. Triblock Copolymers with Grafted Fluorine-Free, Amphiphilic, Non-Ionic Side Chains for Antifouling and Fouling-Release Applications [J]. Macromolecules, 2011, 44: 4783-4792.

[294] Matin A, Khan Z, Zaidi S M J, et al. Biofouling in reverse osmosis membranes for seawater desalination: Phenomena and prevention[J]. Desalination, 2011, 281: 1-16.

[295] Grinthal A, Aizenberg J. Mobile Interfaces: Liquids as a Perfect Structural Material for Multifunctional. Antifouling Surfaces[J], Chemistry of Materials, 2013, 26: 698-708.

[296] Patterson A L, Wenning B, Rizis G, et al. Role of Backbone Chemistry and Monomer Sequence in Amphiphilic Oligopeptide- and Oligopeptoid-Functionalized PDMS- and PEO-Based Block Copolymers for Marine Antifouling and Fouling Release Coatings[J]. Macromolecules, 2017, 50: 2656-2667.

[297] Selim M S, Shenashen M A, El-Safty S A, et al. Recent progress in marine foul-release polymeric nanocomposite coatings[J]. Progress in Materials Science, 2017, 87: 1-32.

[298] Arciola C R, Campoccia D, Montanaro L. Implant infections: adhesion, biofilm formation and immune evasion[J]. Nature reviews. Microbiology, 2018, 16: 397-409.

[299] Ghilini F, Pissinis D E, Miñán A, et al. How Functionalized Surfaces Can Inhibit Bacterial Adhesion and Viability[J]. ACS Biomaterials Science & Engineering, 2019, 5: 4920-4936.

[300] 郭智仁, 孙秀花, 高昌录. 仿生防污涂料的研究进展[J]. 现代化工, 2019, 39(4): 18-21.

[301] 李祥银, 代兆立, 张彦军, 等. 冀东油田海洋钢桩海生物附着危害分析及应对措施[J]. 石油工程建设, 2018, 44(6): 68-70.

[302] 高焕, 王玉, 李光光, 等. 海水养殖设施防生物附着方法[J]. 水产养殖, 2018, 11: 33-36.

[303] 杨建新, 董苗, 王雪梅, 等. 绿色海洋防污涂料技术及其研究进展[J]. 化学研究与应用, 2019, 31(10): 1723-1731.

[304] 于雪艳, 王科, 张华庆, 等. 船舶螺旋桨耐空泡腐蚀防污涂层研制及性能研究[J]. 涂料工业, 2018, 48(11): 23-36.

[305] 麻春英. 船舶防污方法研究进展[J]. 化工新型材料, 2019, 47(7): 31-34.

[306] 王女, 赵勇, 江雷. 受生物启发的多尺度微/纳米结构材料[J]. 高等学校化学学报, 2011, 32(3): 421-428.

［307］刘姗姗，严涛. 海洋污损生物防除的现状及展望［J］. 海洋学研究，2006，24（4）：53-60.

［308］倪春花，于良民，赵海洲，等. 防污涂料及其防污性能的评价方法［J］. 上海涂料，2010，48（1）：29-32.

［309］Zhang C, Zhang B, Yuan W, et al. Seawater-Based Triboelectric Nanogenerators for Marine Anticorrosion［J］, ACS Applied Materials & Interfaces, 2022, 14：8605-8612.

［310］Zhang J, Wang X, Zhang C, et al. Self-lubricating interpenetrating polymer networks with functionalized nanoparticles enhancement for quasi-static and dynamic antifouling［J］, Chemical Engineering Journal, 2022, 429：132300.

［311］Yu X, Yang Y, Yang W, et al. One-step zwitterionization and quaternization of thick PD-MAEMA layer grafted through subsurface-initiated ATRP for robust antibiofouling and antibacterial coating on PDMS［J］, Journal of Colloid and Interface Science, 2022, 610：234-245.

［312］Zhao H, Ding J, Zhou M, et al. Enhancing the Anticorrosion Performance of Graphene-Epoxy Coatings by Biomimetic Interfacial Designs［J］, ACS Applied Nano Materials, 2021, 4, 6557-6561.

［313］Yu M, Liu M, Fu S. Slipperyantifouling polysiloxane-polyurea surfaces with matrix self-healing and lubricant self-replenishing［J］. ACS Applied Materials & Interfaces, 2021, 13：32149-32160.

［314］Liu F, Ren J, Liu H, et al. The effect of various stoichiometric strontium aluminates on the high-temperature tribological properties of NiCr-Al_2O_3 composites［J］. Journal of Materials Engineering and Performance, 2021, 30：2193-2203.

［315］Li Z, Zhou J, Yuan X, et al. Marine biofilms with significant corrosion inhibition performance by secreting extracellular polymeric substances［J］. ACS Applied Materials & Interfaces, 2021, 13：47272-47282.

［316］Kousar F, Malmström J, Swift S, et al. Protein-resistant behavior of poly（ethylene glycol）-containing polymers with phosphonate/phosphate units on stainless steel surfaces［J］. ACS Applied Polymer Materials, 2021, 3：2785-2801.

［317］Jo W, Kang H S, Choi J, et al. Light-designed shark skin-mimetic surfaces［J］. Nano Letters, 2021, 21：5500-5507.

［318］Feng H, Zhang J, Yang W, et al. Transparent janus hydrogel wet adhesive for underwater self-cleaning［J］. ACS Applied Materials & Interfaces 2021, 13：50505-50515.

［319］Etemadi H, Afsharkia S, Zinatloo-Ajabshir S, et al. Effect of alumina nanoparticles on the antifouling properties of polycarbonate-polyurethane blend ultrafiltration membrane for water treatment［J］. Polymer Engineering & Science 2021, 61：2364-2375.

［320］Canales C, Galarce C, Rubio F, et al. Testing the test：A comparative study of marine microbial corrosion under laboratory and field conditions［J］. ACS Omega, 2021, 6：13496-13507.

［321］Zhang J, Liu Y, Wang X, et al. Self-polishing emulsion platforms：Eco-friendly surface engineering of coatings toward water borne marine antifouling[J], Progress in Organic Coatings, 2020, 149: 105945.

[322] Yu X, Yang W, Yang Y, et al. Subsurface-initiated atom transfer radical polymerization: effect of graft layer thickness and surface morphology on antibiofouling properties against different foulants[J]. Journal of Materials Science, 2020, 55: 14544-14557.

[323] Yang H, Chang H, Zhang Q, et al. Highly branched copolymers with degradable bridges for antifouling coatings[J]. ACS Applied Materials & Interfaces, 2020, 12: 16849-16855.

[324] Xu G, Neoh K G, Kang E T, et al. Switchable antimicrobial and antifouling coatings from tannic acid-scaffolded binary polymer brushes[J]. ACS Sustainable Chemistry & Engineering, 2020, 8: 2586-2595.

[325] Liu H, Yang W, Zhao W, et al. Natural product inspired environmentally friendly strategy based on dopamine chemistry toward sustainable marine antifouling[J]. ACS Omega, 2020, 5: 21524-21530.

[326] Liu F, Ren J, Liu H, et al. Tribological properties of in situ-fabricated NiCr-Al_2O_3 composites with $SrAl_4O_7$ and SrO at elevated temperatures[J]. Journal of Materials Engineering and Performance, 2020, 29: 6670-6680.

[327] Li W, Shen T, Wang Y, et al. Photoelectrochemical in situ energy storage and the anticorrosion dual function system based on loose carbon nitride thick film electrodes[J], ACS Applied Electronic Materials 2020, 2: 2180-2187.

[328] Kuzmyn A R, Nguyen A T, Teunissen L W, et al. Antifouling polymer brushes via oxygen-tolerant surface-initiated PET-RAFT[J]. Langmuir, 2020, 36: 4439-4446.

[329] Ding J, Liu P, Zhou M, et al. Nafion-endowed graphene super-anticorrosion performance [J]. ACS Sustainable Chemistry & Engineering 2020, 8: 15344-15353.

[330] Choi W, Jin J, Park S, et al. Quantitative interpretation of hydration dynamics enabled the fabrication of a zwitterionic antifouling surface[J]. ACS Applied Materials & Interfaces, 2020, 12: 7951-7965.

[331] Francolini I, Vuotto C, Piozzi A, et al. Antifouling and antimicrobial biomaterials: an overview [J]. APMIS: acta pathologica, microbiologica, et immunologica Scandinavica, 2017, 125: 392-417.

[332] Buzzacchera I, Vorobii M, Kostina N Y. Polymer brush-functionalized chitosan hydrogels as antifouling implant coatings[J]. Biomacromolecules, 2017, 18: 1983-1992.

[333] Goh S C, Luan Y, Wang X, et al. Polydopamine-polyethylene glycol-albumin antifouling coatings on multiple substrates[J]. Journal of Materials Chemistry B, 2018, 6: 940-949.

[334] Yang J, Xue B, Zhou Y, et al. Spray-painted hydrogel coating for marine antifouling [J]. Advanced Materials Technologies, 2021, 6: 2000911.

156